中国交通运输碳排放研究

Study on Carbon Emissions from Transport in China

赵亚兰 著

目　录

第一章
绪论

一 研究背景与研究意义

联合国政府间气候变化专门委员会（Intergovernmental Panel on Climate Change，IPCC）第5次评估报告指出，基于人类活动的温室气体排放量，人类活动有95%以上的可能性直接导致了第二次工业革命后的全球变暖（Solomon et al.，2007）。随着研究的深入，它们之间的影响机制变得愈加复杂（董思言、高学杰，2014；王绍武等，2013；段居琦等，2014），从单纯的升温问题上升为全球气候变化问题。《自然》杂志甚至于2013年9月19日推出了一个气候变化专栏，专门讨论了大家普遍关心的包括人类活动引起升温的可信度（Jones，2013a）、地球波动性升温历史（Editorial，2013a）、海平面上升与涨潮的区别（Jones，2013b）、保护喜马拉雅山的必要性（Pandit，2013）、升温是否停滞（Held，2013；Kosaka and Xie，2013）、碳减排难度（Diringer，2013）等问题，受到广泛关注（Editorial，2013b；Kerr，2013；Kintisch，2013），同时也引起了中国学者在气候模型（胡国权、赵宗慈，2014；翟盘茂、李蕾，2014）、气候风险管理（李莹等，2014）、气候损失谈判（马欣等，2013）、国际合作的历史进程（秦大河、Stocker，2014；张晓华等，2014；李俊峰等，2014）等方面的深入思考。

虽然还有少许科学细节上的疑虑，但为了应对全球气候变化，世界各国已达成共识——相较于工业化前，全球平均升温必须控制在2℃以内，并为将升温控制在1.5℃以内而努力（何建坤，2016）。这一共识已通过国际协议的形式确定下来：2015年12月12日，195个国家代表在巴黎通过了联合国新协议，于2016年4月22日在纽约正式签署，这项协议依旧坚持了共同但有区别的责任原则（吕江，2016），并加入了国家自主选择的责任（薄燕，2016），它明确了2020年后各国全面、有约束力的温室气体排放标准和自主制定的应对气候变化的技术与政策行动（高翔，2016）。《巴黎协定》在责任规定方面包括全球目标和国家自主贡献（巢清尘等，2016；刘倩等，2016），中国于2016年9月3日被全国人大常委会批准加入《巴黎协定》，成为第23个完成批准协定的缔约方（于宏源，2016）。鉴于中国已成为世界第一大温室气体排放国（IEA，2017），中国在全球碳减排行动上将发挥着重要作用（曾文革、冯帅，2015）。中国在气候行动中的自主目标包括二氧化碳排放2030年左右达峰并争取尽早达峰、单位国内生产总值二氧化碳排放比2005年下降60%—65%、非化石能源占一次能源消费比重达到20%左右[①]，显示了中国承担国际责任的使命感，也发出了全国向碳排放达峰的攻坚信号。倡导绿色低碳，不只是应对全球气候变化的环境科学问题，也是当前积极参与国际政治、外交的必备议题，是探索健康、高效的社会和经济发展问题，更是关系人类可持续发展的伦理问题。

中国的碳减排工作是世界应对气候变化行动中最关键的环节之一，但是目前面对的情况非常特殊、复杂。

第一，温室气体排放总量大，未来能源消费需求旺盛。根据国际能源署（International Energy Agency，IEA）的报告，自2006年以来，中国温室气体排放量一直居世界首位（IEA，2021）；与此同时，中国人口众多，是世界第一人口大国，作为仍处于蓬勃发展阶段的国家，经济增长亦十分迅速，是世界第二大经济体。在城镇化发展和人民日益增长的

① 数据来自国家发改委2016年发布的《中国应对气候变化的政策与行动2016年度报告》以及香港特区政府2017年发布的《香港气候行动蓝图2030+》。

物质文化需求的双重压力下，中国势必有巨大的能源消费需求和温室气体排放压力。

第二，内需扩大、外压加剧，双重契机推动转型。中国的蓬勃发展已进入深水区，必须从劳动密集型、资源密集型经济向技术密集型经济转型，才能获得国内经济持续健康发展的动力，才能在激烈的国际经济竞争中立足，才能在残酷的国际封锁中突围。而这种转型恰好也是高碳产业向低碳产业的转变，完全符合全球共同关心并参与的应对气候变化行动的诉求。低碳转型，势在必行。

第三，科学发展，积极减碳。国内转型动力和国际竞争压力共同驱使中国积极探索有效的碳减排方法，从2003年全社会倡导“科学发展观”后，绿色发展、循环经济、生态文明等观念开始深入人心，中国以国家战略、法律和政策的形式将节能减排落实到经济、政治、文化、社会建设全过程，并从“十一五”规划开始逐步确定了越来越明确且严格的能耗和排放目标（李俊峰等，2014）。经过大量国内低碳减排行动与国际气候变化协商后，中国取得了良好的碳减排效果：2019年中国单位国内生产总值二氧化碳排放比2005年下降48.1%（国家统计局，2020），相当于二氧化碳排放减少量超过40亿吨，已提前达成2020年碳排放强度下降40%—45%的预期目标，未来将致力于履行二氧化碳在2030年达峰的承诺（李飞虎、吴晓凌，2018）。

第四，区域差异和行业差异并存，亟须结构性调整。中国幅员辽阔，区域禀赋和发展水平极不平衡，碳减排目标和措施必须因地制宜，不可千城一面。此外，中国经济结构完整，各种行业的能耗特点差异巨大，需要制定有区别的碳减排目标。因此，碳减排目标不可“一刀切”，各地区各行业达峰时间应有先后之分，必须依据各地区各行业的特点探索结构性碳减排手段。

总之，中国的低碳行动，既是必要的，也是困难的；既是紧迫的，也是需要综合考虑的；既是复杂的，也是潜力巨大的。

值得注意的是，我们常有第三产业就是低碳产业的刻板印象，许多低碳主题的研究建议通过大力发展第三产业降低能源强度，从而达到减少碳排放的目的（Talukdar and Meisner, 2001；Cheng et al.，2010；Yu et al.，2015a，2015b）。但这种说法是不严谨的，作为第三产业的重要组成部分，交通运输对碳排放的贡献不容忽视，而且未来拥有强大的增长后劲，是节能的重点领域（江泽民，2008）。事实上，中国交通运输碳排放比例一直很高。

如图 1.1 所示，根据 IEA 发布的数据，2019 年全球 34% 的能源消费碳排放来自交通运输领域（其中 10% 来自电力驱动的交通运输方式），在能源终端消费部门里仅次于工业。根据世界各国发展的历史经验，交通运输碳排放比例在越发达的国家越高，且在各国碳排放达峰后仍会继续增长。

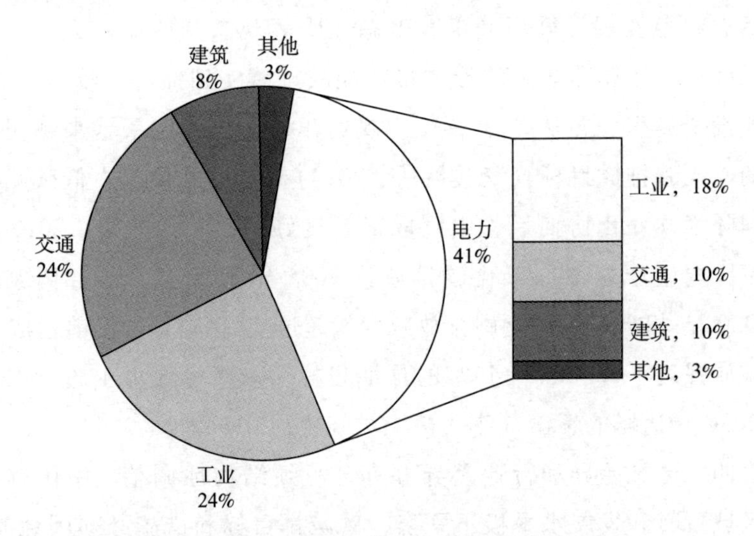

图 1.1　2019 年全球人类活动温室气体排放结构

注：左图中各领域的碳排放不含电力驱动的情形，在电力中单独进行分析。

学者们十分重视交通运输的碳减排问题，并在能源强度（Stead, 2001）、能源结构（Kiang and Schipper, 1996；Kwon, 2006）、不同运输方式（Zachariadis, 2006；Talukdar and Meisner, 2001）、碳减排成本（Michaelis and Davidson, 1996）、交通运输与其他社会经济活动的关系（Tapio et al.，2007；Preston, 2001）等方面进行了深入研究。改革开放以来，中国旅客出行需求和货物运输需求都飞速增长，交通运输碳排放不容小觑，也受到了广泛关注。学者们发现了许多与国际交通运输不同的本地化特征，例如 Chung 等（2013）讨论了中国 2003—2009 年的交通运输能源效率，发现尽管全国从 2005 年开始进行低碳减排行动且能源效率明显提高，但交通运输领域关注的重点依然是“经济产出”，对“能源效率优化”这个主题的关注较少；Zhou 等（2013）发现中国东部地区低碳交通发展效果最好且区域内部差异不大，原因是东部地区高度集中的交通运输基础设施产生了集聚效应；Tirumalachetty 等（2013）、Xu 和 Lin（2015）发现城镇化进程对交通运输碳排放有着明显的增加作用。这些发现对研究中国交通运输碳排放产生了很大的启发。为了减少交通运输碳排放，中国已推出针对包括私人汽车、轻型货车、汽车排放标准、能源消费税和铁路电气化等方面在内的交通运输节能技术和政策（Nan et al.，2011），但交通运输碳排放依旧高速增长，是需要重点关注的领域。

综上，本书选取中国碳排放达峰之路中最关键的一环——交通运输碳排放为研究对象，详细梳理它的核算方法，分析它的时空演变特征和驱动因素，为实现 2030 年中国碳排放达峰提供理论支持。

二 关键概念辨析

（一）温室气体、二氧化碳和碳排放

温室气体（Greenhouse Gas，GHG）指大气中任何会吸收和释放红外辐射的气体，在《联合国气候变化框架公约》（United Nations Framework Convention on Climate Change，UNFCCC）中特指二氧化碳（CO_2）、甲烷（CH_2）、氧化亚氮（N_2O）、氢氟碳化合物（HFCs）、全氟碳化合物（PFCs）和六氟化硫（SF_6）这六种主要气体（IPCC，1994）。将这六种主要温室气体的排放量与对应的全球变暖潜能值（Global Warming Potential，GWP）相乘后加总，便是温室气体排放量，其单位为二氧化碳当量（CO_2-eq），因此也常将温室气体排放称为 CO_2 排放（香港特

别行政区环境局，2015）。将 CO_2 排放量乘以 12/44 得到温室气体中的碳含量，所得结果可称作碳排放（Carbon Emission，本书中简写为 C），单位是碳当量（C - eq）。

因此，概念上，温室气体排放、CO_2 排放和碳排放三种说法指代的是相同的碳含量，都可以反映相同的温室气体排放水平。计算上，温室气体排放和 CO_2 排放的计算方法通用，它们和碳排放之间是 12/44 倍的关系。

值得注意的是，由于国际航运、海运的碳排放归属地难以确认，通常不被计入各国碳排放核算总量中（IEA，2017），本书也未将其纳入核算范围。

（二）新能源、可再生能源和清洁能源

新能源是针对传统能源概念提出的，指煤炭、石油等传统能源以外的所有能源形式，又被称为非常规能源，如水能、风能、核能、海洋能、太阳能、地热能、生物质能、氢能等（王红岩等，2009）。在倡导绿色、低碳、节能的当今社会，不断投入巨大资金进行开发、推广使用的新能源往往是清洁能源。

可再生能源是针对不可再生能源概念提出的，指消耗后可得到较快补充（大大快于不可再生能源的生成速度）、不排放或极少排放污染物的能源，如水能、风能、海洋能、太阳能、地热能、生物质能、氢能等，但不包括核能。中国在《巴黎协定》中承诺 2030 年可再生能源消费比例将达到 20%；预计到 2030 年，世界可再生能源消费比例将达到 30% 以上（张梦然，2010）。

狭义的清洁能源概念，特指能源的环境友好特性，也被称为绿色能源，包括所有可再生能源和核能（王谋等，2010）。天然气作为一种不可再生能源，主要成分是甲烷，因其污染物含量极少，燃烧后主要产生水和二氧化碳，因而被称为清洁的化石能源，也是一种清洁能源；用于交通运输领域的天然气主要是压缩天然气（Compressed Natural Gas，CNG）和液化天然气（Liquefied Natural Gas，LNG）两种形式，它们的加工过程往往包括脱硫、脱水等工艺，因此相较普通天然气更加清洁

（杨泽伟，2010）。清洁能源一般都是新能源。

电力是一种二次能源，即它由消费其他能源生产出来，目前主要的发电形式有火力发电、水力发电、风力发电、光伏发电、核电等，有清洁的发电形式，也有不清洁的发电形式。从生命周期角度看，电力的污染物排放都发生在能源采掘和发电过程中，输电和用电过程是清洁的，因此也常被看作清洁能源。虽然还有火力发电过程中碳排放巨大、太阳能电板生产过程中产生大量污染等问题让人们对电力的清洁性抱有怀疑态度，但在倡导清洁发电的当下，发电结构越来越多样化，发电效率不断提高，用电过程十分清洁，电力汽车和电力机车被作为低碳减排的工具在交通运输领域大力推广（高玉冰等，2013；槐联国等，2018；吕贤锋、潘小明，2017；史永基等，2011；唐葆君、马也，2016；张扬，2012；周安、刘景林，2012），以特斯拉和高速铁路为代表的电力交通工具的广泛使用被证明可以减轻环境压力（Arar，2010；王天宁、丁巍，2011；赵宇，2014；周新军，2009）。因此，本书也将电力看作交通运输领域中的清洁能源。此外，由于它使用的一次能源十分广泛，能够应对化石能源短缺的危机，所以电力属于可再生能源。

综上，新能源、可再生能源和清洁能源三个概念虽然在代表能源种类上有许多重合，但它们拥有不同内涵，使用时应注意辨明。本书中提到的交通运输清洁能源包括天然气（使用时往往是 CNG 形式）、液化天然气和电力。为了实现 2030 年可再生能源消费比例达到 20% 的承诺，中国交通运输清洁能源的消费比例至少应达到 40%，在技术和能力允许的情况下，可向 50% 努力。

（三）节能技术、低碳技术和减排技术

阅读学习国务院印发的《“十三五”控制温室气体排放工作方案》和科技部等部门联合发布的《节能减排与低碳技术成果转化推广清单》等重要文件可知，节能技术、低碳技术和减排技术这三个短语常常同时出现，它们都是中国探索落实生态文明政策时采取的重要技术，但含义各不相同，不能彼此替换。

节能技术主要包括能效提高技术、废物和副产品回收再利用技术，

通过提高能源使用效率和回收再利用能源来达到节能目的，因此“节能”主要是针对资源节约、减少能源使用量而言的。

“低碳”概念最早于2007年出现在政府文件《中国应对气候变化国家方案》中。低碳技术主要指清洁能源技术和温室气体削减及利用技术，通过减少化石能源的使用来减少碳排放量或直接捕集、利用、封存、控制、销毁温室气体，因此“低碳”主要是针对减少温室气体排放而言的，最终目的是应对气候变化。

减排技术比低碳技术的范围更广，因为需要减少的除了温室气体的排放外，还包括气体、液体和固体形式的环境污染物和有害物质。通过节能技术和低碳技术可以取得减排的效果，但减排技术却不一定能带来低碳的效果，例如在铁路运输里使用内燃机车代替蒸汽机车，即燃料方面使用柴油代替煤炭，可能在减少环境污染物的同时增加碳排放，这是因为“减排”的最终目的是保护整个环境。

以上三种技术对建设环境友好型社会、建设中国的生态文明都有巨大作用，但若不做严格区分，可能导致数据收集和核算、政策使用和管理的混乱。

三　国内外研究进展

（一）中国交通运输碳排放文献分析

截至2020年11月3日，在Web of Science中进行“碳排放”“交通碳排放”“中国碳排放”“中国交通碳排放”文献关键词的主题检索，得到如图1.2所示的检索结果。其中，“碳排放”包括“CO_2 emission”和“Carbon emission”2个关键词，“交通碳排放”包括“Transport carbon emission”和“Transport CO_2 emission”2个关键词，“中国碳排放”包括“China CO_2 emission”“Chinese CO_2 emission”“China carbon emission”“Chinese carbon emission”4个关键词，“中国交通碳排放”包括“China transport CO_2 emission”“Chinese transport CO_2 emission”“China transport carbon emission”“Chinese transport carbon emission”4个关键词。

由图 1. 2 可知，“碳排放”主题的研究成果越来越多，且热度至今还在上升，说明这是一个全球关注的重要问题，且仍有较大的深入研究潜力。“碳排放”主题的研究成果共计 29. 42 万篇，其中“交通碳排放”主题的研究成果共计 2. 75 万篇，“中国碳排放”主题的研究成果共计 3. 27 万篇，“中国交通碳排放”主题的研究成果共计 0. 34 万篇，分别占所有“碳排放”主题研究成果的 9. 35%、11. 11% 和 1. 16%。其中，“中国交通碳排放”主题的研究成果占“中国碳排放”的 10. 40%。总体来说，“中国”和“交通”都是“碳排放”的重要研究主题，但中

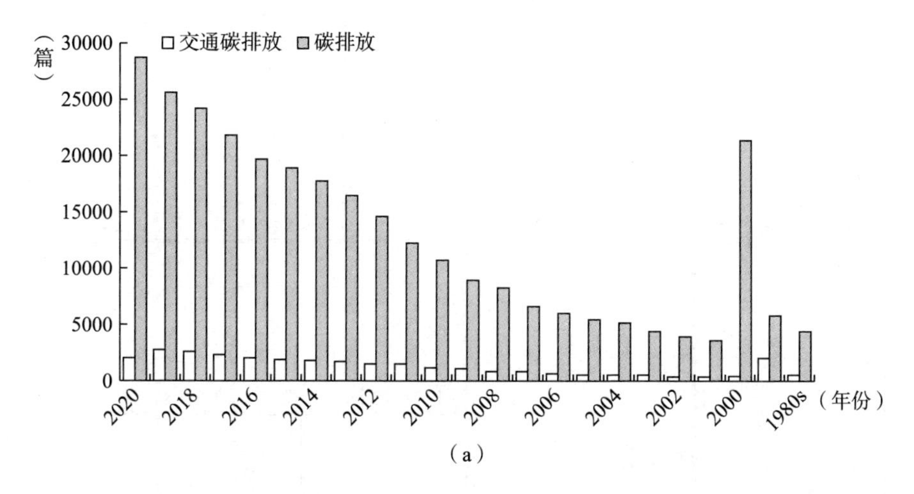

（a）

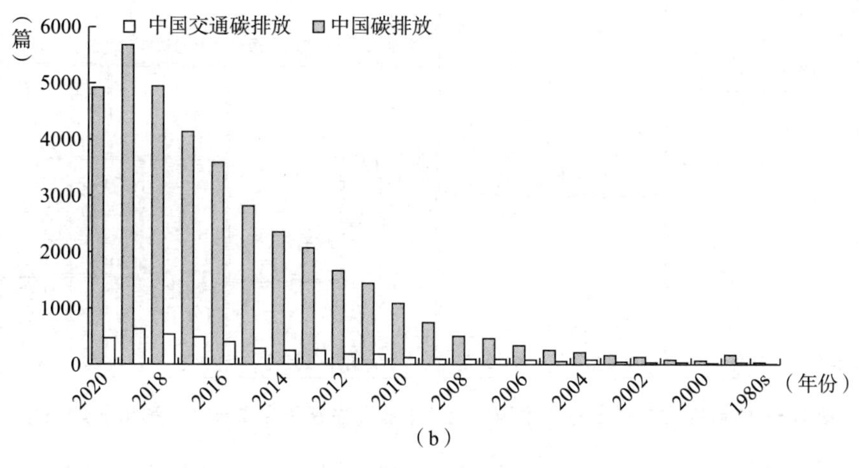

（b）

图 1. 2　Web of Science 文献搜索数量

注：横轴 1980s 指 20 世纪 80 年代。

国交通碳排放的研究热度明显低于世界交通碳排放，未来需要进一步提高研究关注度和研究深度。

如图 1.3 所示，“中国交通碳排放”主题的研究成果涵盖了包括环境科学和生态学、气象学和大气科学、能源燃料、物理学、工程学与公众环境健康等在内的多个研究方向（一篇研究成果可能包含多个研究方向），说明这已成为一个各行业、各学科领域共同关注的重要问题，综合性较强，需要广泛的跨界合作共同研究和探讨。

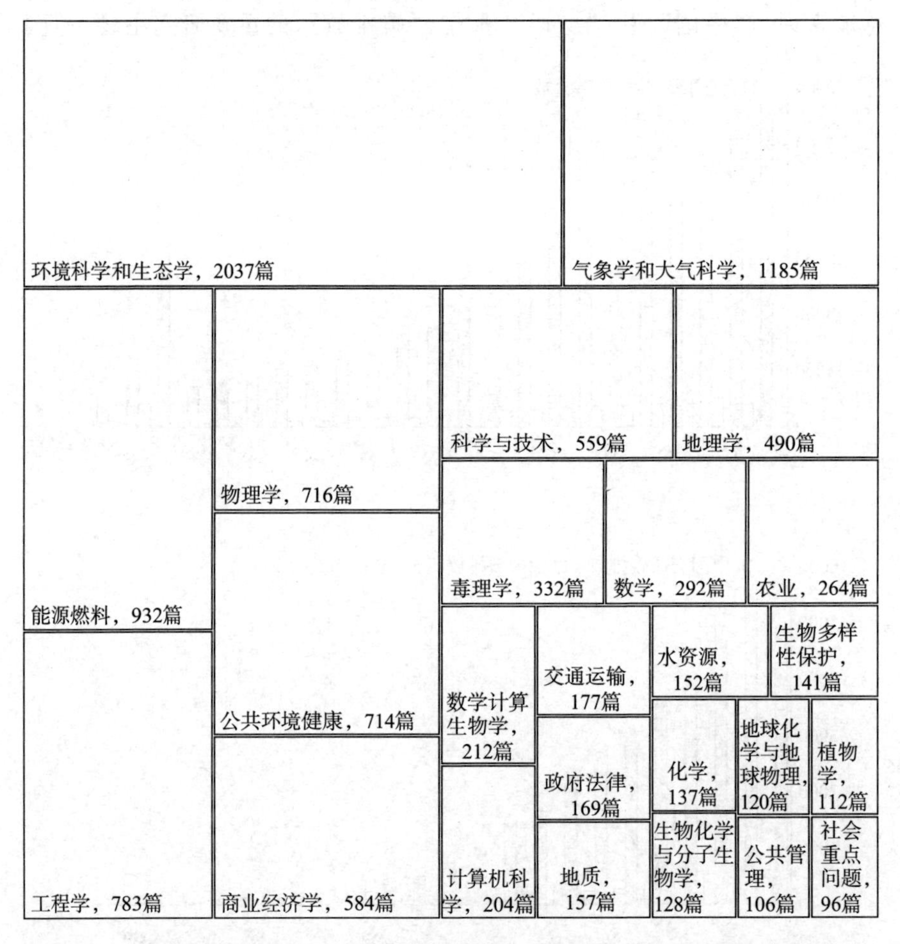

图 1.3　按研究方向划分的“中国交通碳排放”主题研究成果（只列出前 25 个）

此外，如图 1.4 所示，“中国交通碳排放”主题的研究成果除了来自中国大陆（共计 2650 篇）外，还有来自美国、日本和德国等国家或地区的研究成果（一篇研究成果可能包含多个国家或地区的研究机构），说明中国交通碳排放已受到世界各国的关注，是一个国际化程度较高的问题。中国交通碳排放问题是世界应对气候变化行动的重要一环，需要中国和世界其他国家或地区在理论研究、技术开发和政策应用等方面积极交流和合作。

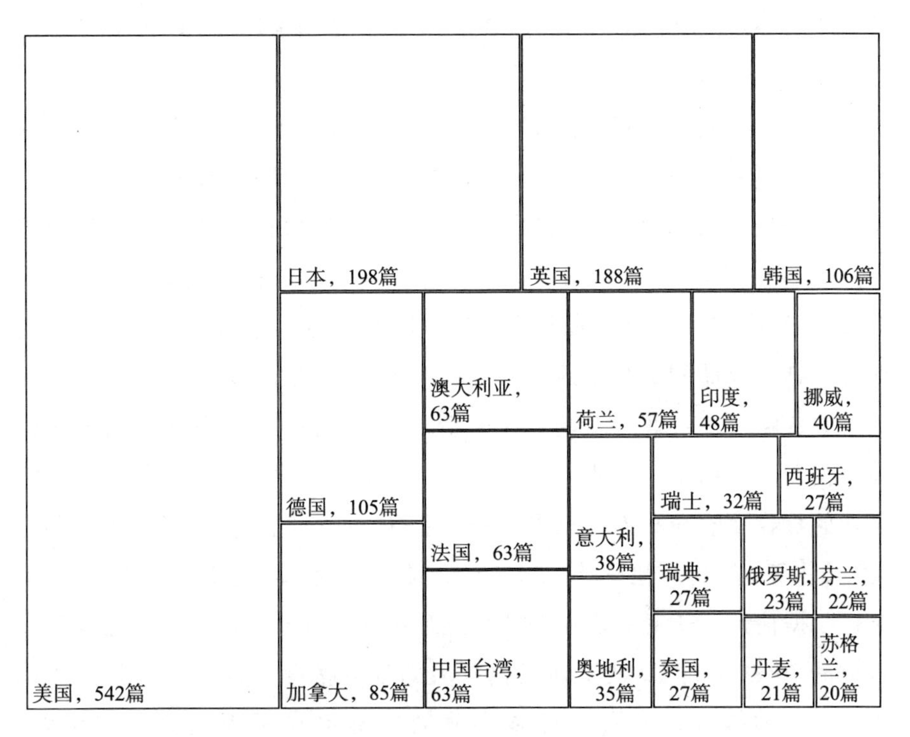

图 1.4　按国家或地区划分的“中国交通碳排放”主题研究成果
（不包括中国大陆，只列出前 22 个）

（二）中国交通运输碳排放研究进展

近年来，以“中国交通运输碳排放”为主题的研究成果逐渐增加，研究中国交通运输碳排放特征、制定低碳交通发展政策，最基础的工作是进行碳排放量的核算。目前，已经有许多学者进行了道路交通（安久煜，2016；李超男，2016）、铁路交通（张宏钧等，2017；冯旭杰，2014）、海运货运（孙婧，2014）、客运交通（李琳娜、Loo，2016）、家庭出行（江敬东，2014；梁晨，2015）、旅游交通（杜鹏、杨蕾，2015；董雪旺，

2011；魏艳旭，2012）、城市交通（周璇，2017；张陶新，2013）、物流业（刘楠，2013；张文龙，2016）等领域的碳排放研究，但这显然不是交通运输的全部内容，不能涵盖所有形式的交通运输碳排放。事实上，在学者们研究工业（韩翠翠，2012；李虹、亚琨，2012）、建筑业（景真燕，2016）、服务业（董良，2013；吴隽隽，2016）、居民消费（耿丽敏等，2012；杨亮，2014；汤嫣嫣，2017）等领域的碳排放时，交通运输碳排放所占的比例也很大。

也有学者的研究对象是整个交通运输体系的碳排放，但许多学者常常按照国家的行业分类统计数据来核算，将《中国能源统计年鉴》上单列出来的交通运输、仓储和邮政业的能源消费作为全部的核算数据（谢守红等，2016；尹鹏等，2016；高洁等，2013；张陶新、曾熬志，2013）。这个统计口径不能准确反映中国的交通运输情况，一方面，它额外包括了仓储和邮政业的能源消费，不属于交通运输的范畴；另一方面，它忽略了在农业、工业、建筑业、服务业和居民生活中的交通运输能源消费，例如用于农业生产的拖拉机、工业和建筑材料运输、批发零售业的货物运输和私人汽车出行等。还有一些研究对核算过程语焉不详（袁长伟等，2016；池熊伟，2012b），证明了交通运输碳排放核算的复杂性。据估计，交通运输、仓储和邮政业的碳排放约占全国交通运输碳排放的70%，只能反映交通运输领域的部分情况。且近年来随着居民生活水平的提高，私人交通碳排放的比例也在不断提高（张艳等，2012；关海波、金良，2012），不完整的核算结果无法反映这个现象，建立在此核算基础上的分析结果也难以令人信服。此外，还有一些学者在核算交通运输、仓储和邮政业碳排放的基础上增加了私人交通碳排放（周银香、洪兴建，2018），这已经更加接近交通运输碳排放的全貌，但依然不完整。

其他对交通运输碳排放全要素核算的思路有两种，一种是将其分解为道路、铁路、水路和航空等主要运输形式后，再分别通过它们使用的能源数量进行核算加总（蔡博峰等，2012）；另一种是通过各种运输形式的周转量和交通工具的单位周转量能耗来进行估算（庄颖、夏斌，

2017)。从交通工具出发的核算过程被称为“自下而上”的方法，理论上结果应该更准确，但前者使用的大部分数据来自交通运输部内部，不能通过公开途径查询，很难效仿，且在2012年只核算了2007年的数据；后者在计算过程中使用了很多估算参数，容易造成较大的误差，即使在省级尺度，带来的误差也不容忽视。

刘璟（2013）在系统考虑交通运输部门包含的所有行业后进行了较为准确的碳排放核算，但由于研究时间较早，忽略了中国交通运输领域高速增长的电力消费。结果显示，中国交通运输碳排放在1996—2011年一直稳定上升，从1.79亿吨CO_2当量增加至7.48亿吨CO_2当量，增长了3倍多，并且经历了1996—2003年缓慢增长、2004—2011年高速增长的过程。

从能源结构角度来看，石油燃料是交通运输领域使用最多的能源，它贡献的碳排放在80%以上，且居高不下（姬文哲，2014；何彩虹，2012；兰梓睿、张宏武，2014）。煤炭消费量一直呈下降趋势，至今已降至极低的水平，体现了中国交通工具升级换代的成绩（徐雪艺，2018；杨琦等，2014）。天然气和电力等新能源的比例不断提高，虽然占比仍然较低，但显示出了强劲的发展动力和对整个交通运输领域的减排效益（严筱，2016；杨卫华等，2014；张扬，2012）。

从运输结构角度来看，道路运输碳排放占比极高，在65%和70%之间小幅波动，是中国交通运输低碳发展的最大挑战（周银香、李蒙娟，2017；黎仕国，2016；刘佳宁，2016）。铁路和水路运输是比较清洁的运输方式，铁路电气化是未来的发展趋势，而高速铁路因其运输效率更高、节能效应更明显，得到了广泛关注（陈进杰等，2016；王成新等，2017；周新军，2013）。学者们对水运的关注明显较少，但水运承担了中国一半以上的货运周转量，碳排放比例却只有15%左右，是未来应重点关注的领域（陈友放、陈静，2011；张璐等，2012；张曦等，2016），也是欧洲低碳国家的低碳交通发展重点（王爱虎、陈群，2015；李振宇等，2014）。航空运输的比例也在高速增长，虽然占比很小，但它的能耗水平极高（史洁，2015；吴春涛等，2015；杨绪彪、朱丽萍，

2015），应积极探索和推广航空煤油的低碳化技术（赵晶等，2016）。未来，多式联运是低碳货运的主要发展方向（熊桂武，2014；陈海彬，2016；陈雷等，2015；毛晓颖，2013；张璇，2017），低碳客运则必须依赖公共交通工具尤其是大容量的公共交通工具（张玮等，2013；龚迎节，2016；郭韬，2013；姜洋，2016；时兆会，2017；王琛娇，2012；邬尚霖，2016；谢进宇，2012；杨晓冬，2012；于雯静，2012；赵敏，2010）。

从能源效率角度来看，中国交通运输能源效率在能源使用量不断增长的同时呈现出典型的环境库兹涅茨曲线规律，在2005—2009年下降，而后在2009—2013年缓慢上升，之后继续缓慢下降（袁长伟等，2017）。虽然交通运输的能源消耗增长速度快于全国平均能耗增速（李连成、吴文化，2008），但2003—2015年中国交通运输的碳排放效率稍高于工业、采掘业和热力生产部门，不过明显比农业、服务业和建筑业低（周银香、洪兴建，2018）。

（三）中国交通运输碳排放时空演变特征研究进展

研究中国交通运输碳排放时空演变特征的学者，常将时间和空间的演进特征一起进行分析。例如，杨文越等（2016）使用双向固定效应模型研究2000—2012年中国交通 CO_2 排放总量的区域差异，发现其呈现先变大后变小的趋势，而人均交通 CO_2 排放量却呈现先周期性波动而后逐渐减少的趋势。宋京妮等（2017）使用空间变异函数研究2003—2014年中国省域交通运输碳排放，发现全国呈东高西低、南北方向呈倒“U”形的特点，且各省域间差异逐渐减小；排放重心位于河南省东南方，并不断向北方移动。芮晓丽（2017）使用GWR模型研究2005—2015年中国省域交通碳减排压力和能力，发现研究期内各省减排压力和能力的波动和空间差异都较大，且不存在定向的空间传递性，但2015年碳减排能力高值聚类位置呈现明显南移趋势。杨彬和宁小莉（2015）结合使用ESDA（探索性空间数据分析）和GIS（地理信息系统）分析2000年和2012年中国30个省域的交通运输碳排放，发现各地碳排放增速和空间差异显著，与各地的经济水平一致，总体来看东部大于中部，西部最小。袁长伟等（2016）使用标准差和变异系数分析了中国 30 个省域 2003—2012 年的交通运输碳排放，发现碳排放量呈现西低东高的特征，但增速却呈现西高东低的特征，碳排放强度空间差异逐渐减小趋同。张诗青等（2017）使用 ESDA 方法和 GWR 模型对中国省域 2000—2013 年的交通运输碳排放进行分析，发现研究期内中国省域空间聚类特征相对稳定，有显著的高值、低值聚类特征；相邻地区的交通运输碳排放驱动因素差异较小。

（四）中国交通运输碳排放驱动因素研究进展

明确了中国交通运输碳排放量和时空演变特征后，便会使人继续思考，是什么因素驱动了它的快速增长、应该在哪些方面改进、目前的节能低碳技术和政策收效如何。于是学者们开始使用各种数理模型对各种可能的驱动因素进行深入探究。

毫无疑问，人口增长和经济发展是最主要的驱动因素，无论是 GDP（Cai et al.，2012，2018；杜强等，2017）、人均 GDP（白娟，2017；李玲，2016；商巍，2014）、人口总量（李若影，2017；张会霞，2017）还是城镇化进程（池熊伟，2012a；沈满洪、池熊伟，2012），都显示出强劲的增排效果。

此外，还有更多其他因素被挖掘和讨论。例如，崔强等（2018）使用 RM-DEMATEL 方法和评价实验室模型发现，技术因素是影响中国交通运输低碳发展能力的根本因素，管理因素是第二影响因素，产业实力和运输结构的影响则较小。张银太和冯相昭（2013）则进一步分解政策管理因素，使用协同效益方法发现组合使用出行需求管理政策、车辆政策、燃料政策、道路政策和城市交通综合管理政策这五种主要交通管理政策的碳减排效果非常明显，且好于单一使用某种政策的效果。邢丽敏（2017）使用 BSEM 模型发现，运输结构和技术变革对能耗的影响已超过对 GDP 的影响；使用通径分析发现，运输需求是导致交通能耗增加的主导因素；使用 VAR 模型的脉冲响应分析发现，运输需求对交通能耗的冲击具有明显长期持续性的正向激励作用，单位周转量能耗短时间内会增加交通能耗，但长期来看会因技术进步而降低能耗。杨文越等（2016）使用双向固定效应模型发现，公共交通的规模和水平对交通碳排放具有明显的减排效应，但私人汽车拥有率对碳排放影响不明显。张宏钧等（2017）使用 Laspeyres 指数分解方法发现，周转量是驱动中国、澳大利亚、德国、日本、印度、英国和美国道路与铁路运输碳排放的最大因素，能耗水平的提升和能源结构的优化则起了减排作用。柴建等（2017）使用面板数据对比欧盟、美国和日本的交通运输结构，发现中国交通运输结构性碳减排对全国发展低碳交通作用巨大。袁长伟等（2017）使用空间计量模型发现，中国交通运输碳排放效率与节能技术水平呈正相关关系，与人口规模、收入水平、运输强度、区域资源禀赋和运输结构呈负相关关系。

（五）中国交通运输碳排放研究的不足

通过前文的分析可以看到，总体来说，中国交通运输碳排放的研究数量与国际上对交通运输碳排放的关注相比较少，未来应加强这方面的研究。当前中国交通运输碳排放研究存在以下不足之处。

第一，宏观尺度核算方法考虑不全，无法反映中国交通运输碳排放的真实情况。由于中国的能源统计口径与世界通用的标准差异较大，进行宏观尺度的交通运输碳排放核算时，使用理论上更准确的“自下而上”核算方法反而会造成误差更大的情况，因而只能使用“自上而下”的方法。但许多研究直接将交通运输、仓储和邮政业的能源消费量等同于交通运输能源消费量，这是非常不准确的，会忽视农业、工业、建筑业、服务业和居民生活等非营运交通运输形式的能源消费量，预计与实际能源消费约有 30% 的误差。基于这种核算结果的其他研究可能也不能准确反映中国交通运输碳排放的时空演变特征和驱动因素。因此，必须系统梳理适合中国交通运输国情的碳排放核算方法，这是所有后续研究的基石。

第二，时空演变特征分析较笼统，没有完整描述中国交通运输碳排放的时空演变特征。一方面，大部分研究将时间演变特征和空间演变特征混合在一起进行讨论，因此时间方面的讨论精度往往被空间特征模糊，无法聚焦，应注意对时间演变特征的观察，例如对短期特征和长期特征分别进行讨论。另一方面，现有研究在空间上更注重中国内部的省域差异特征分析，而忽视了中国在世界之林的特征。各省份因发展阶段和资源禀赋不同而在交通运输碳排放上呈现不同特征，所以要采用侧重点不同的碳减排措施；中国作为全球应对气候变化行动的关键，也应先明确本国在全球碳减排中所处的阶段和地位，部署本国与其他国家不同重点的减排措施，同时学习已达峰国家的低碳发展经验，以应对达峰之路上可能出现的新问题。

第三，错将相关因素当作驱动因素，错误分析驱动效应。这就要求研究者必须全面、深入了解中国交通运输碳排放，其后根据中国交通运输碳排放的特点来谨慎选择驱动因素和数理模型，而不能调转顺序，否则模型的合理性便会令人怀疑。因此，应先从理论上寻找驱动因素，再通过科学合理的数理模型对各驱动因素产生的驱动效应进行定量分析。目前的驱动因素分析方法比较多样，应用也较为成熟，因此如何选择驱动因素和解释计量结果成为考验研究者理论造诣的两个难题。通常来说，驱动因素的计量结果只能反映研究期内对研究对象变动的影响，而不能揭示对研究对象存量的影响，应严肃区分，谨记驱动性与相关性的差别，以得出负责任的结论、提出行之有效的政策建议。

四　研究内容和技术路线

（一）研究内容和研究目标

回答以下 5 个问题是本书的目标，为了实现这些研究目标，本书将分别通过 5 个主要部分的内容进行探讨和研究。

1. 中国交通运输碳排放在世界上处于什么水平？未来将如何发展？

首先，通过国际能源署发布的数据和报告梳理世界交通运输能源消费现状、碳排放现状和未来情景预测，寻找交通运输碳排放的发展规律，以明确中国交通运输碳排放的历史发展阶段，并针对所处阶段的特点制定碳减排主要目标和应对措施。其次，重点探究碳排放已达峰国家的交通运输碳排放特征，了解未来中国交通运输碳排放的发展趋势。最后，通过世界交通运输碳排放的情景模拟，制定适合中国的减排目标。

2. 使用何种核算方法才能更符合中国交通运输碳排放的真实情况?

本书进行了广泛而深入的碳排放核算方法研究，结合中国统计口径特点、交通运输特点、本地化能源特点来进行核算，这涉及核算边界、核算方法和能源碳排放因子的选择。为了深入研究中国交通运输碳排放，还需要进一步将碳排放总量按行业类型、能源类型、交通工具类型和各省（区、市）进行分配，这需要进一步深入探索各种交通工具特点来进行计算。

3. 中国交通运输碳排放的时空演变特征如何?

使用时间演变、空间演变和两个角度一起探讨中国交通运输碳排放的时空演变特征。时间上，先使用 Tapio 脱钩指数（Decoupling Index）进行短期波动的探究，再使用赫斯特指数（Hurst Exponent）进行长期特征的研究；空间上，先使用核密度估计方法（Kernel Density Estimation）进行整体的时空演变特征描述，再使用泰尔系数嵌套法开展空间差异和区域差异的变化研究。进行这些研究时，还可以同时探讨与中国交通运输碳排放总量相关的其他指标的时空演变情况，如各种碳排放效率指标等。

4. 中国交通运输碳排放的驱动因素有哪些？分别起了何种作用?

使用 Kaya 恒等式和对数平均迪氏指数分解法（Logarithmic Mean Divisia Index，LMDI）将中国交通运输碳排放分解为 11 个驱动因素，基于数据可得性，将各省（区、市）的交通运输碳排放分解为 6 个因素，从逐年贡献角度和累计贡献角度分别进行驱动因素的变化探讨。

5. 在中国争取 2030 年碳排放达峰目标的背景下交通运输碳排放将如何发展？制定减排政策时需注意什么问题?

使用 BP 神经网络预测模型，结合驱动因素的研究结果和中国在《巴黎协定》中的自主减排目标，选取 5 个主要影响因素，设置 4 个不同情景，对中国交通运输碳排放未来情景进行模拟，探讨照常发展即不采取任何减排措施时的碳排放变化情况、根据《巴黎协定》设置交通运输领域的碳减排目标后的碳排放变化情况，并进一步探究更严格的政策条件下中国交通运输碳排放的变化特点，引导中国制定合理的低碳交通政策。

（二）技术路线和组织结构

本书的研究框架和技术路线如图 1.5 所示。根据图 1.5 的研究框架和技术路线，本书的内容结构组织如下。

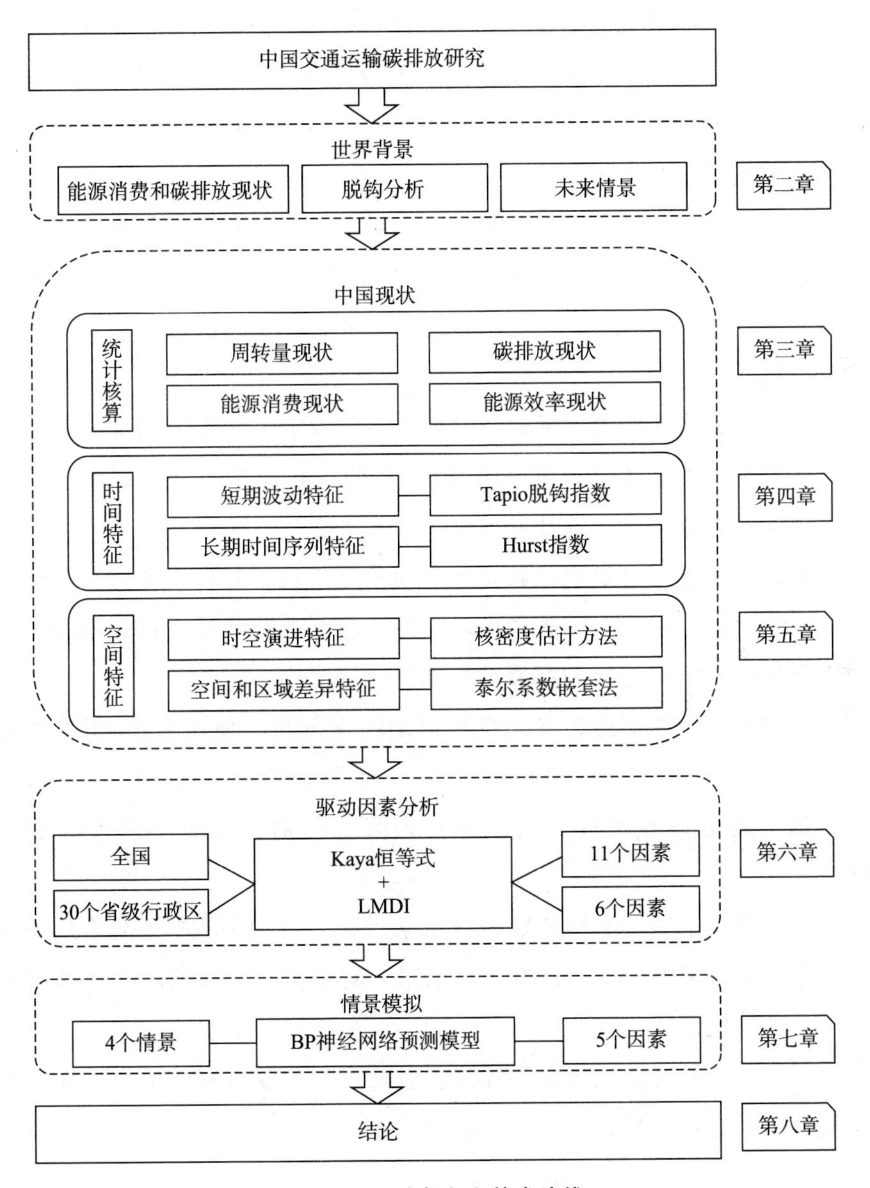

图 1.5　研究框架和技术路线

第一章，绪论。概述交通运输碳排放的研究背景、研究意义和研究现状，总结目前的研究不足后，提出本书的研究内容、技术路线和组织结构。

第二章，世界交通运输碳排放现状及发展规律。通过介绍世界及各国家和地区的交通运输能源消费和碳排放情况，总结一般的交通运输碳排放发展历程，以明确中国交通运输碳排放所处的历史阶段。之后结合已达峰国家的交通运输碳排放、经济发展的脱钩情况和世界交通运输碳排放未来情景模拟，吸取减排经验。

第三章，中国交通运输发展及能源消费碳排放现状。先探索系统核算中国交通运输碳排放的方法，然后根据核算结果概述 2000—2017 年中国和 30 个省（区、市）交通运输发展情况、交通运输能源消费和碳排放情况。

第四章，中国交通运输碳排放时间演变特征。先使用 Tapio 脱钩指数进行短期波动的探究，再使用 Hurst 指数进行长期时间序列特征的中国交通运输碳排放变化规律研究。

第五章，中国交通运输碳排放空间演变特征。先使用核密度估计方法对中国交通运输碳排放整体的时空演变特征进行描述，再使用泰尔系数嵌套法开展空间差异和区域差异的变化研究。

第六章，中国交通运输碳排放驱动因素分析。使用 Kaya 恒等式和 LMDI 将中国交通运输碳排放分解为 11 个驱动因素，将 30 个省（区、市）的交通运输碳排放分解为 6 个因素，分别进行驱动因素的变化探讨。

第七章，中国交通运输碳排放情景模拟。使用 BP 神经网络预测模型，选取 5 个影响因素，设置 4 个情景，对中国交通运输碳排放未来变化情况进行模拟。

第八章，研究结论与政策建议。总结本书主要研究结论，并提出发展低碳交通的若干建议。

第　二　章

世界交通运输碳排放现状及发展规律

一　交通运输碳排放计算方法

（一）交通运输形式分类

《2006年IPCC国家温室气体清单指南》是联合国政府间气候变化专门委员会出版的一般性的国家温室气体清单核算指导报告，为各国提供权威且可用于国际横向比较的温室气体清单编制方法（见图2.1）。在这份报告的移动源燃烧部分（第2卷第3章，即交通运输能源消费）中，交通运输被分为道路运输、铁路运输、航空运输、水路运输和其他运输五类。

1. 道路运输

狭义的道路运输仅指汽车运输，广义的道路运输包括所有旅客和货物借助一定的交通工具在道路上（含一般土路、有路面铺装的道路、高速公路）有方向、有目的的移动过程（万明，2015），主要交通工具有汽车、摩托车、助力车、电车、拖拉机等，使用的燃料有汽油、柴油、电力、液化天然气、液化石油气、甲醇、乙醇等。随着科技的发展和对节能减排要求的提高，越来越多的清洁能源被应用于道路交通，LPG（液化石油气）汽车、混合电力汽车、电动汽车等新能源汽车数量日益增长（蔡博峰等，2012）。

2. 铁路运输

铁路运输主要分为货运和客运路线，所使用的交通工具包括蒸汽机车、内燃机车和电力机车三种，它们使用的能源分别为煤炭、燃油（柴油为主）和电力。在世界范围内，蒸汽机车因运输效率和清洁性都非常低，正被逐步淘汰。内燃机车因技术成熟和运行限制条件少，使用最广泛。自 1925 年第一辆柴油机车在美国投入运行以来，内燃机车至今还不断在提高机车的可靠性、耐久性和经济性，以及防止污染、降低噪声等方面取得新的进展。目前，性能高、环境友好、乘坐舒适的电力机车已成为铁路运输的发展方向，其应用范围包括高速铁路、快速铁路、城际铁路和城市轨道（地铁、轻轨、单轨、有轨电车、磁悬浮轨道、旅客自动捷运系统等），只要条件许可，各国一般都会对旧铁路进行电气化升级改造，使电力机车得以飞驰其中（谢志平，2015）。

3. 航空运输

航空运输主要分为国内航空和国际航空，包括客运、货运班机和包机、空中交通服务等，主要使用航空煤油作为燃料，其排放只包括飞机起飞到降落的过程中产生的温室气体，而不包括地面固定源燃烧排放的温室气体，因此计算航空运输的排放只需考虑航空煤油燃烧产生的温室气体。飞机排放物主要是 CO_2（约占 70%）和 H_2O（约占 29%），还有少量（低于 1%）的 NO_x、CO、SO_x、非甲烷挥发性有机物（NMVOC）、固体微粒等其他成分（陈林，2013）。

由于国际航线从起飞到降落的整个过程可能横跨数个国家，国际航空的排放责任归属地便引发了较多的争议，通常这种责任的划分不取决于航线的国籍，而看其起降地。目前国际航空温室气体排放所占比例较小，约占全球总排放的 1.4%。由于存在对核算方案合理性和碳税征收方案合理性的质疑（兰花，2012；师怡，2013；赵凤彩等，2014；朱晓勤、王均，2012；朱瑜、刘勇，2014），所以《巴黎协定》中各国提交的国家自主贡献大多未考虑国际航空部门，国际能源署计算各国碳排放时也没有纳入国际航空部门。

4. 水路运输

水路运输以船舶为主要运输工具，以港口或港站为运输基地，以水域包括海洋、河流和湖泊为运输活动范围。和国际航空一样，国际水运也涉及排放地归属问题。船舶主要由大型慢速和中速燃油发动机驱动，使用柴油、汽油（极少）、燃料油、电力等燃料作为动力源。对比其他交通形式，水运排放的温室气体较少，因此在水系发达的国家，如欧洲各国，都鼓励发展内河水运以代替大部分道路货运和铁路货运（王爱虎、陈群，2015）。

5. 其他运输

其他运输主要包括捕捞工作和管道运输等。捕捞工作主要使用船只，所需燃料和排放形式与水运船舶相似。管道运输主要用于化学上稳定的气体、液体、泥浆和其他商品，为石油、天然气等能源的主要输送形式，具有平稳、不间断输送、损耗少、运费低廉、建设周期短、污染少的优点；但其专用性强、灵活性差，不能广泛用于各种货运领域。管道运输使用能源的方式分为直接和间接两种，除了运输能源过程中的损

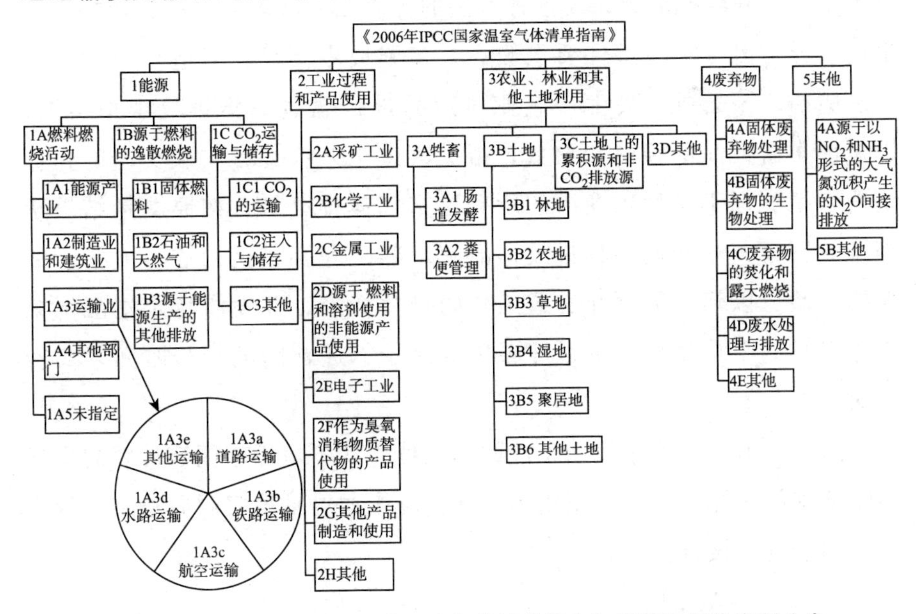

图 2.1　《2006 年 IPCC 国家温室气体清单指南》的温室气体来源分类

耗（间接能耗），还有泵站运行和管道维护时燃烧能源和摩阻损失的直接能耗（孙骥姝等，2012），通过优化输送工艺、减少摩阻、减少压降损失，可以尽量降低这些损耗。

（二）交通运输碳排放计算方法

交通运输碳排放主要来自使用交通工具时燃烧能源过程中逸散到空气中的温室气体。与农业相比，交通运输不使用产生温室气体的农药、不饲养产生温室气体的牲畜、不因土地耕作和灌溉产生温室气体，即交通运输领域没有非能源消费排放源；与工业相比，交通运输不使用能源作为原料，不生产二次能源，也无能源回收等问题。因此，相较这些行业，交通运输领域的碳排放过程更为简单，计算也较简便。根据研究尺度、研究目的和数据可得性等方面的不同，交通运输碳排放主要计算方法包括实测法、生命周期评价法、排放系数法和里程能耗法。

1. 实测法

利用专业的监测设备实地收集交通工具在不同情况下温室气体的排放流量和浓度，测算特定情况下的碳排放数值及其与能源消耗、交通工具类型、行驶状况的关系。这种方法的计算结果准确度最高，最能反映地区差异，但对实验条件要求极高，实施成本高昂，只适合小范围使用。例如，①交通工具生产企业对产品进行温室气体排放水平实测，以全面了解产品的性能和参数，帮助改进工艺；②参与碳交易的企业实测包括交通工具使用在内的所有温室气体排放量，按照测量结果承担排放责任；③交通工具排放标准制定部门等官方机构进行大批量的实测实验，以建立能源和交通工具的排放标准，并发布特定情况下某交通工具的平均排放水平，即碳排放因子，通常间隔较长时间才实行一次。

因此，由于实测法使用条件的局限性，其不适用于国家尺度的交通运输碳排放核算，但可以使用第三种情况中通过批量实测后总结出的碳排放因子进行核算。

2. 生命周期评价法

生命周期评价法（Life Cycle Assessment，LCA）是评价某产品的生命周期全过程（从资源开采开始，到产品废弃结束）对生态、资源和环境影响的方法，在国际上采用ISO14040系列标准，而后中国等同采用，将其直接转化为国家标准即GB/T 24040系列标准。LCA最大的优点是系统全面，首先，其考虑范围涵盖了产品生命周期的各个阶段，也考虑了多种生态、资源和环境问题；其次，LCA各过程采用统一的量化评价指标，可以横向比较不同的产品。以高速铁路运输的碳排放的LCA为例，如图2.2所示，它的计算过程需要先列出高速铁路使用的建材生产、施工建设、运营维护和报废拆除处置等阶段的清单，再确定各个子过程的活动情况和排放函数，最后加总得出总排放量。

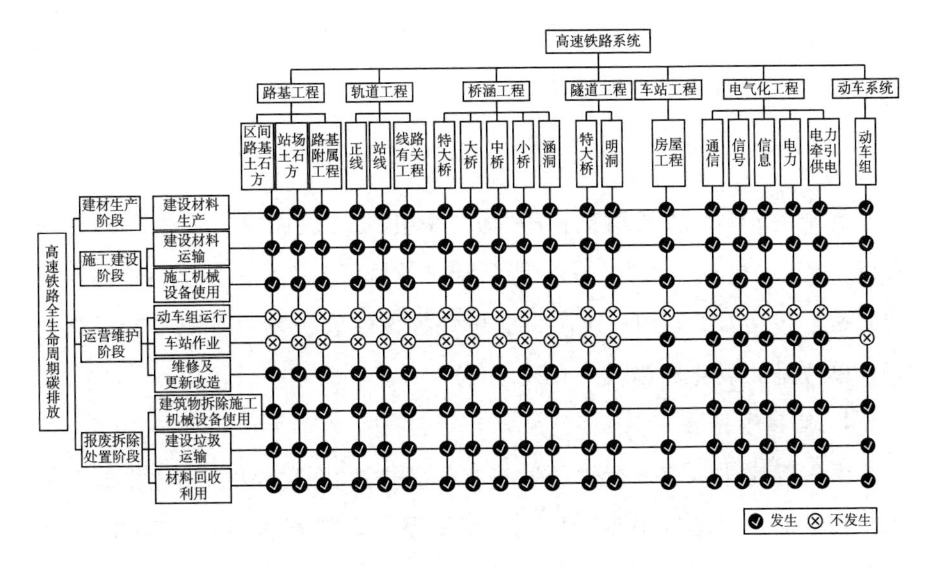

图2.2　高速铁路生命周期碳排放结构

资料来源：陈进杰等（2016）。

从图2.2中可以看到，LCA的计算系统非常复杂，对各环节数据和排放标准的要求也较高，若没有专业的测算，很难得到各细分环节准确的排放量关系函数，函数中的排放系数敏感性也会大大影响评价结果，所以此方法常常用于测算特定的交通工具排放。且清单中只有运营维护阶段的“动车组运行”环节是完全属于高铁直接排放的，“建设材料运输”和“建设垃圾运输”两个环节属于其他交通运输部门的责任，其他6个环节的排放通常属于建筑部门的责任。因此，如果不能得到各细分环节的排放函数，则不适宜使用此方法。除此之外，当计算国家尺度的全交通运输碳排放时，LCA 局限性更大，不适合采用。

3. 排放系数法

排放系数法又被称为“自上而下”的方法，因为它直接使用燃料的总体消耗统计数据进行碳排放核算，只需要了解所使用的燃料类型、燃烧效率和碳排放因子即可。该方法数据易得，计算简便，常用于宏观尺度的研究，也是被广为采用的方法。由于交通运输领域的碳排放主要来自移动源的能源燃烧，所以适合使用排放系数法。《2006 年 IPCC 国家温室气体清单指南》给出了详尽的计算方法和碳排放因子，并广泛被国际能源署等国际机构采用以核算世界各国年碳排放量，用于国际比较和分析。它的计算公式如下：

$$\text{排放量} = \sum_{a} [\text{燃料}_a \cdot EF_a] \tag{2.1}$$

其中，a 代表燃料类型；EF 为二氧化碳排放因子，即燃料碳含量乘以 44/12。公式（2.1）中的能源碳排放因子 EF 考虑了燃料中的所有碳元素，包括 CO_2、CO、CH_4、非甲烷挥发性有机物（NMVOC）、微粒等，单位是二氧化碳当量（CO_2-eq）。

4. 里程能耗法

里程能耗法是交通运输领域特有的碳排放核算方法，相比排放系数法，它增加了对车辆类型、机动车保有量、车辆行驶里程（VKT）、能耗水平、燃料使用类型等信息的详细考察，因此又被称为“自下而上”的方法。《2006 年 IPCC 国家温室气体清单指南》也有介绍这种方法，其中道路运输碳排放的计算公式如下：

$$\text{排放量} = \sum_{a,b,c,d} [\text{距离}_{a,b,c,d} \cdot EF_{a,b,c,d}] + \sum_{a,b,c,d} C_{a,b,c,d} \tag{2.2}$$

其中，a 为燃料类型，b 为车辆类型，c 为排放控制技术（如未控制、催化转化器等），d 为行驶条件。那么 $EF_{a,b,c,d}$ 是这些限制条件下的排放因子，$C_{a,b,c,d}$ 是这些限制条件下的汽车冷（热）启动阶段的排放。

铁路运输、水路运输和航空运输的计算方法和公式（2.2）相似，不过常用的方法是将机动车保有量与行驶距离的乘积替换为客运和货运周转量。

通过公式（2.2）可以看到，使用里程能耗法对各种交通工具在不同情况下的排放因子分类十分详尽，如果能完全掌握公式中要求的数据，计算结果将更精确。不过考虑到数据可获取性和计算结果的敏感性，如果无法获取这些详尽的数据，那么研究尺度越大，核算结果越容易产生误差。

目前，国家尺度的交通运输碳排放核算使用最多的是 IPCC 推荐的排放系数法和里程能耗法，应根据各国的数据可获取性特点采用合适的方法。例如在美国和欧盟等发达国家，机动车燃油销售情况属于商业机密，不予公开；而它们的交通管理部门（如美国的联邦公路管理局）拥有较为精确的车辆行驶里程数据（不确定性为 -6% ~7%，高于能源燃烧的不确定性水平 -2% ~5%），因此使用"自下而上"的方法计算，结果更为精确（蔡博峰等，2012）。然而在中国，交通管理部门的数据较为繁杂，没有公开发表可查询的官方 VKT 数据，国家统计局能源司却会每年公开发布全国的能源平衡表，平衡差额极低，因此中国更适合使用"自上而下"的方法。

二　世界交通运输能源消费和碳排放现状

（一）世界交通运输能源消费现状

毋庸置疑，交通运输部门是全球石油消耗最大、增长最快的部门。

根据 IEA 发布的年度能源消费统计数据（IEA，2017），如图 2.3 和图 2.4 所示，1971—2015 年，世界交通运输石油燃料消费量从 9007 亿吨油当量增长至 24910 亿吨油当量，增长了 1.77 倍，年均增长率为 2.34%，它占世界石油燃料终端消费量的比例更是从 46% 增长至 65% 的超高水平。

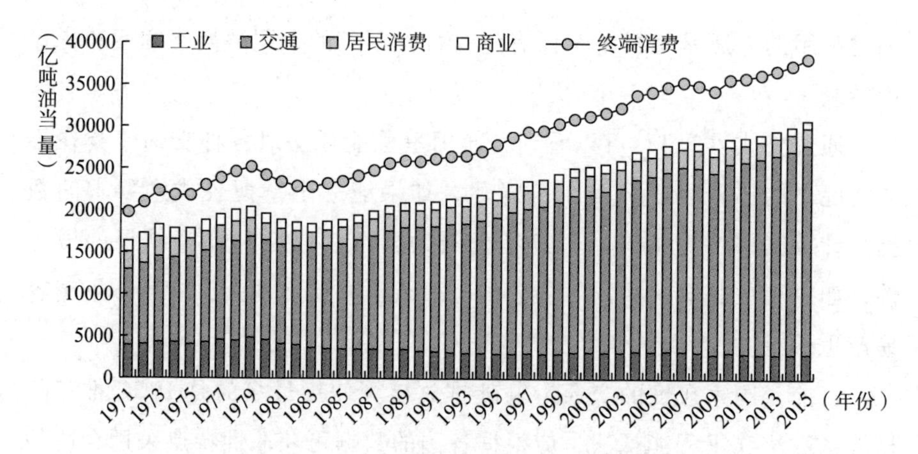

图 2.3 1971—2015 年世界石油燃料消费量

资料来源：IEA（2017）。

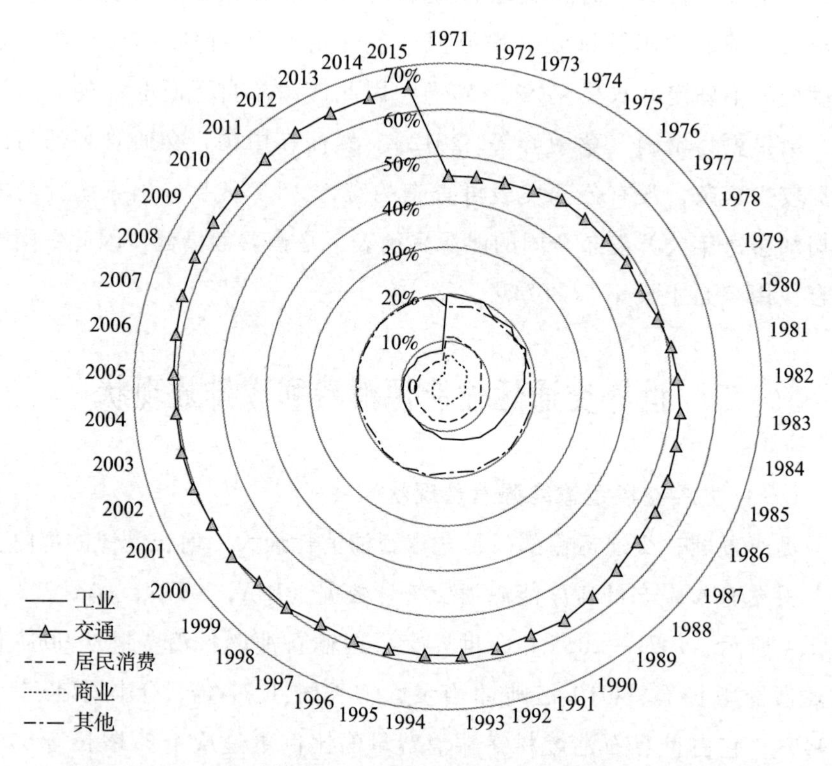

图 2.4 1971—2015 年世界石油燃料消费量占能源终端消费量的比例

资料来源：IEA（2017）。

相反，工业、居民消费和商业等领域石油燃料所占比例却逐步下降，甚至它们的消费量也在下降。2015 年，工业石油燃料消费量下降至 1971 年的 76%，峰值出现在 1979 年，为 4861.47 亿吨油当量，2015 年只有峰值时期消费量的 61%。2015 年，居民消费的石油燃料消费量下降至 1971 年的 99%，其峰值出现在 1978 年，为 2317.15 亿吨油当量，总体来说，居民消费的石油燃料总量相对平稳，45 年来变化不大。商业也类似，45 年下降了 1/3，峰值早在 1973 年便已出现，为 1437.92 亿吨油当量。

如图 2.5 所示，石油燃料也是交通运输部门使用最多的能源。因此，为了减少全球石油燃料的使用和碳排放，最需要关注的应是交通运输部门。交通运输部门若要减少碳排放，必须先减少石油消费。

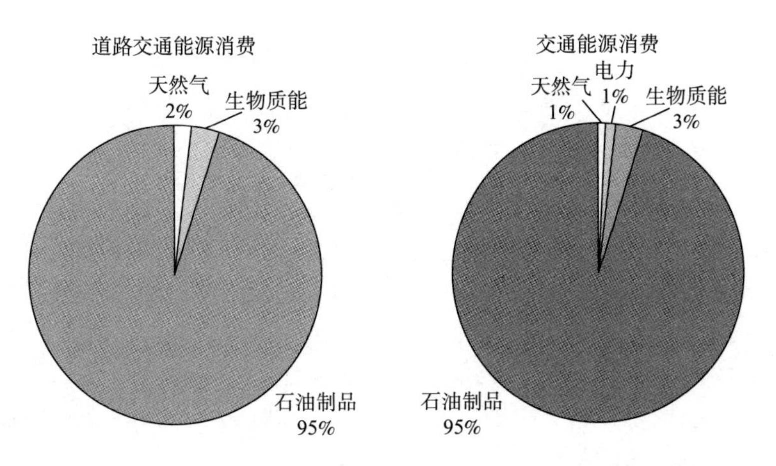

图 2.5 2012 年世界交通部门和道路交通部门能源消费比例

资料来源：IEA（2017）。

随着科学技术的进步，交通运输部门可利用的能源种类越来越多，除了石油，还使用了煤炭、天然气、电力和生物质能等。如图 2.6 和图 2.7 所示，在全球工业能耗效率逐渐提高、能源消费比例逐渐下降的同时，交通运输部门的能源消费比例却稳步升高。

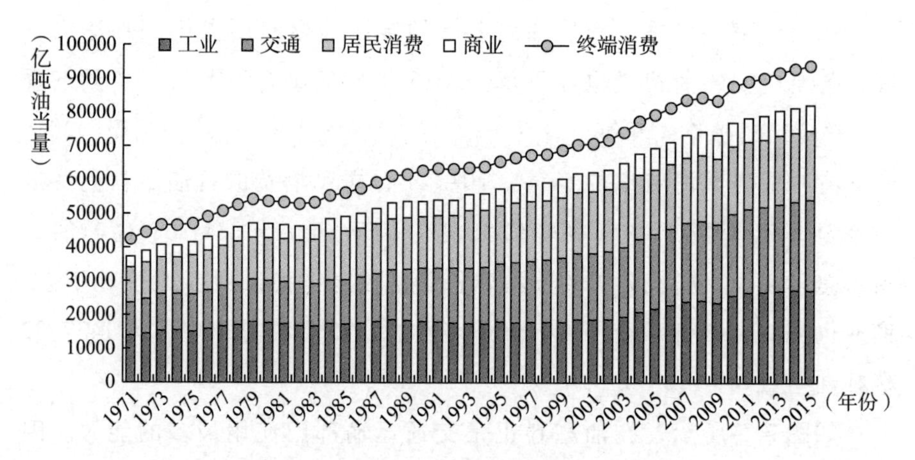

图 2.6　1971—2015 年世界能源终端消费量

资料来源：IEA（2017）。

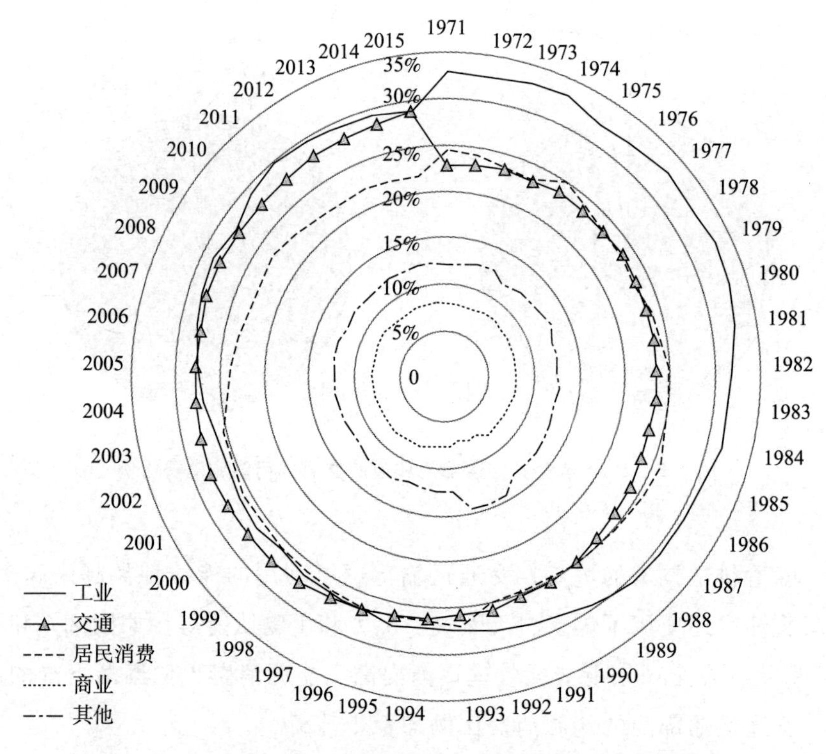

图 2.7　1971—2015 年世界能源终端消费量占终端消费量的比例

资料来源：IEA（2017）。

过去 45 年，世界能源终端消费量从 42438 亿吨油当量翻了一番，增长至 93836 亿吨油当量，年均增长率为 1.82%。而工业能源消费量从 1971 年的 13982 亿吨油当量逐步增长至 2014 年的 27299 亿吨油当量，在次年小幅滑落至 27124 亿吨油当量，暂时达峰，1971—2015 年年均增长率为 1.52%，它占终端能源消费的比例从 32.95% 跌至 28.91%，正在逐渐失去能源消费的主导部门地位。居民消费和商业能源消费的变化相对平稳，过去 45 年一直分别占世界能源消费量的约 24% 和 8%，年均增长率分别为 1.56% 和 1.88%。然而，交通运输部门的能源消费量不论是比例还是绝对值都快速增长，从 9640 亿吨油当量增长了约 2 倍，达到 27030 亿吨油当量，比例也从 22.72% 增长至 28.81%，年均增长率高达 2.37%，在所有部门中增长最快，未来还可能继续增长，超过工业部门的能源消费量。

因此，控制交通运输领域的能源消费是世界节能的重点任务，它可能在近期超过工业部门的能源消费，低碳交通任务艰巨。但交通运输领域若能集约、清洁、高效发展，也可极大地影响世界能源消费量的变化趋势，因此应予以重点关注。

（二）世界交通运输碳排放现状

图 2.8 和图 2.9 分别展示了世界、不同组织、不同国家或地区 2018 年和 1971—2015 年能源消费碳排放结构，包括能源结构和行业结构。其中“附件一国家”指《京都议定书》附件一中所列的缔约方，主要是发达国家或地区；“附件二国家”指附件一国家中除去经济转型中的国家或地区的其他成员，即已实现经济转型的国家或地区，它们的经济发展更为成熟。各组织的详细介绍可见附录。

由图 2.8 可知，2018 年，世界交通运输碳排放已达 82.57 亿吨 CO_2 当量，占所有能源消费碳排放的 24.64%，与 1990 年的比例相差不大。其中，道路交通排放了 60.90 亿吨 CO_2 当量，占所有交通碳排放的 73.75%，在其他主要组织或地区中也高达 80% 以上，毫无疑问是所有交通运输中的最主要排放源。

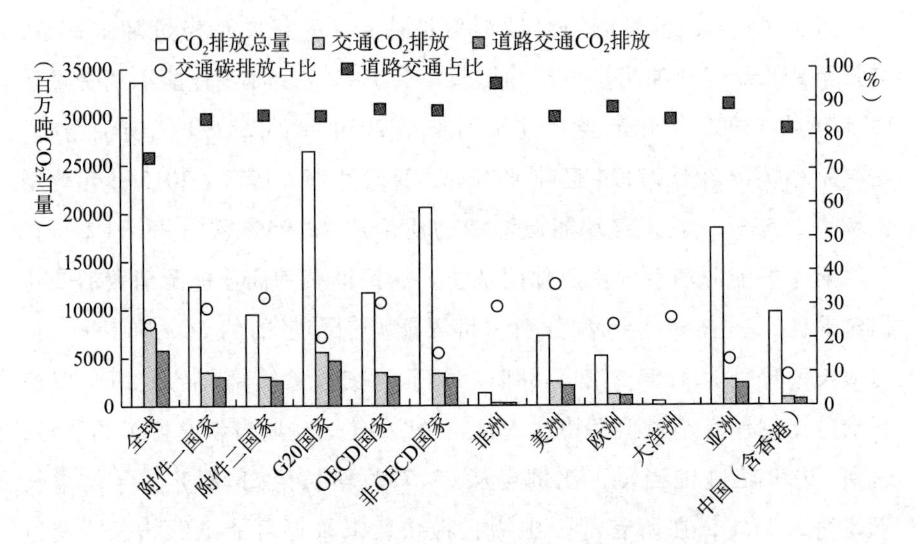

图 2.8　2018 年世界各地区或组织能源消费碳排放结构

资料来源：IEA（2021）。

2018 年，在各种国际组织中，《联合国气候变化框架公约》附件二国家交通碳排放占比最高，达 32.22%，共 26.54 亿吨 CO_2 当量；其次是 OECD 国家，占比达 30.77%，共计 31.41 亿吨 CO_2 当量；接着是附件一国家，占比达 29.11%，共排放 30.70 亿吨 CO_2 当量。交通运输碳排放占比最低的是非 OECD 国家和 G20 国家，比例分别为 16.36% 和 20.73%。

可以看到，发达程度最高、最成熟的 UNFCCC 附件二国家和 OECD 国家的交通碳排放占比最高，次发达的附件一国家居中，以发展中国家为主的 G20 国家较低，非 OECD 国家最低。这说明工业化越早、经济和技术越发达的国家，工业更早进入清洁发展阶段，因此与 1990 年相比，工业碳排放占比越来越低，相应的，交通碳排放占比却更高（见图 2.9）。G20 国家和非 OECD 国家的工业和交通碳排放比例 25 年来变化不大，说明它们仍在工业化规模不断扩大和能效不断提高的发展道路上前进，才获得这样比例相对稳定的状态。

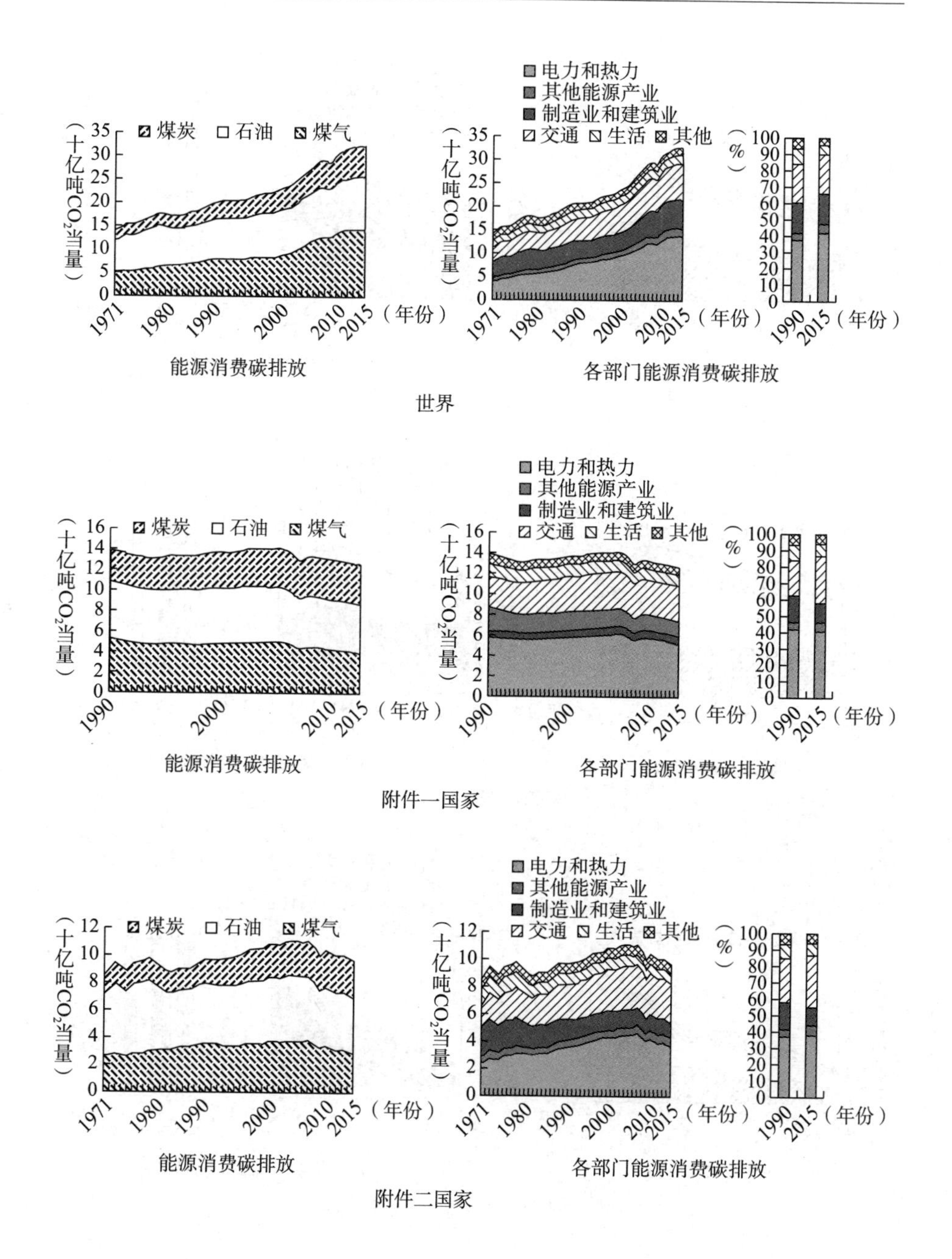
煤炭 石油 煤气
（十亿吨CO2当量）
（年份）
能源消费碳排放
电力和热力
其他能源产业
制造业和建筑业
交通 生活 其他
（%）
各部门能源消费碳排放
世界
附件一国家
附件二国家

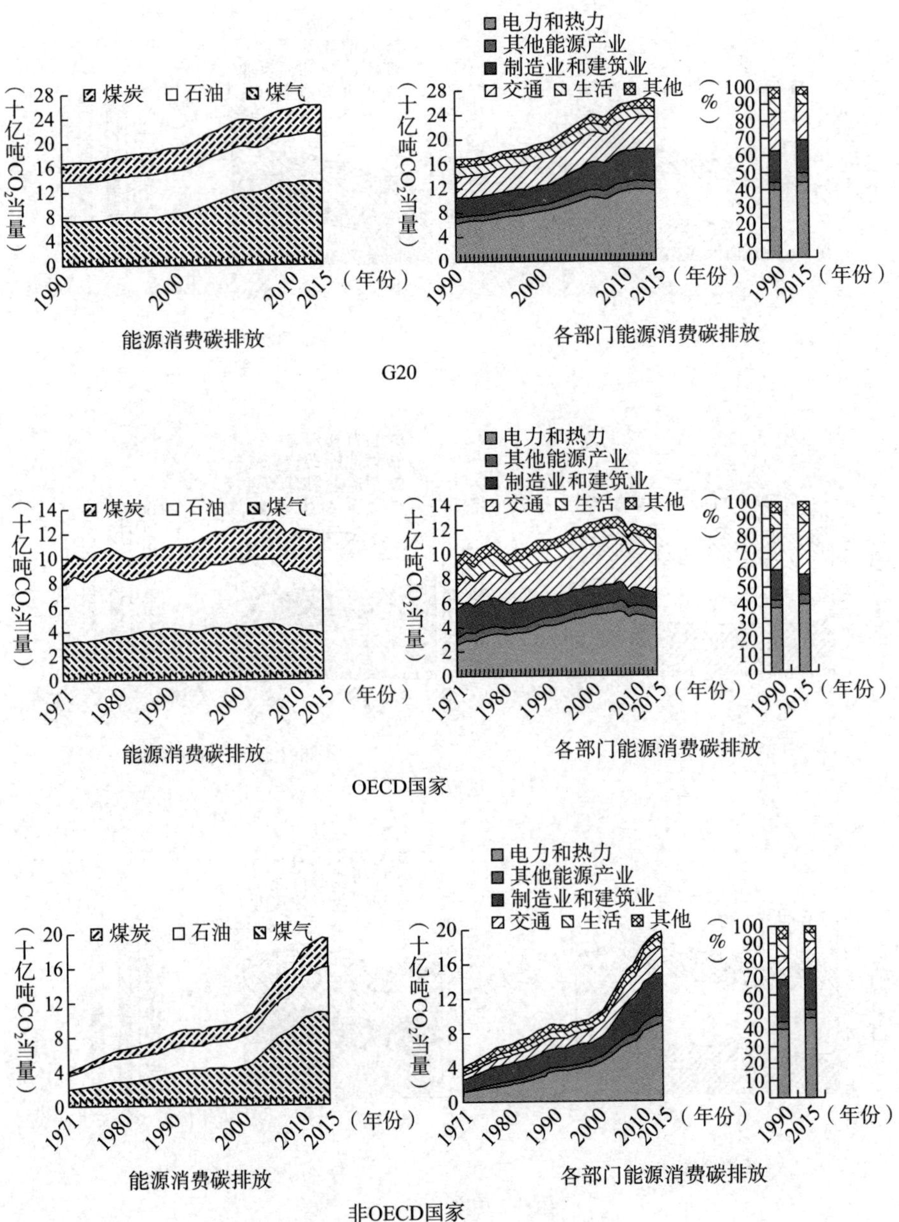
煤炭 石油 煤气
（十亿吨CO_2当量）
（年份）
能源消费碳排放
电力和热力
其他能源产业
制造业和建筑业
交通 生活 其他
（%）
各部门能源消费碳排放
G20
OECD国家
非OECD国家

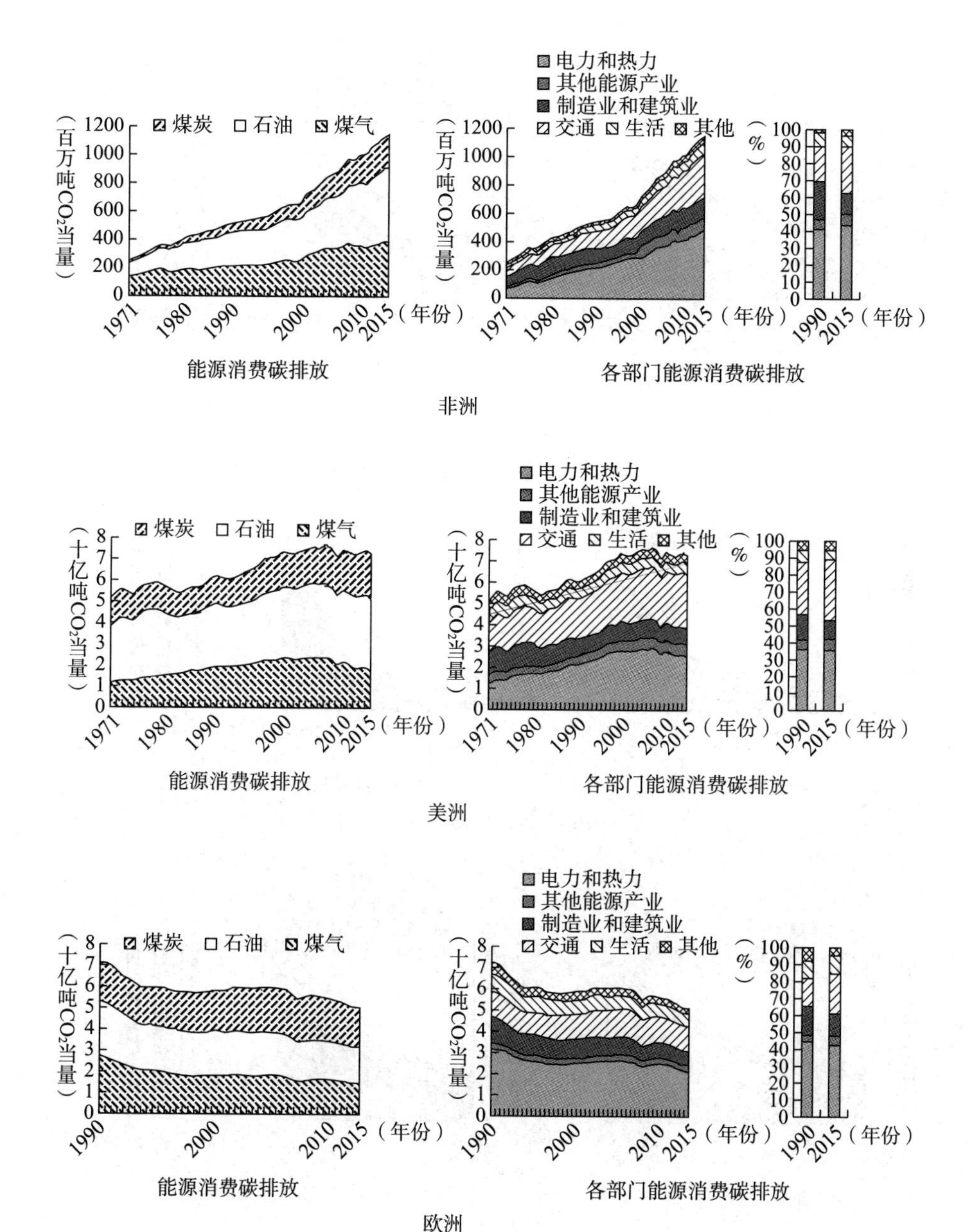
煤炭 石油 煤气
（百万吨CO_2当量）
1200 1000 800 600 400 200 0
1971 1980 1990 2000 2010 2015（年份）
能源消费碳排放
电力和热力
其他能源产业
制造业和建筑业
交通 生活 其他
各部门能源消费碳排放
（%）
1990 2015（年份）
非洲
（十亿吨CO_2当量）
能源消费碳排放
各部门能源消费碳排放
美洲
1990 2000 2010 2015（年份）
能源消费碳排放
各部门能源消费碳排放
欧洲

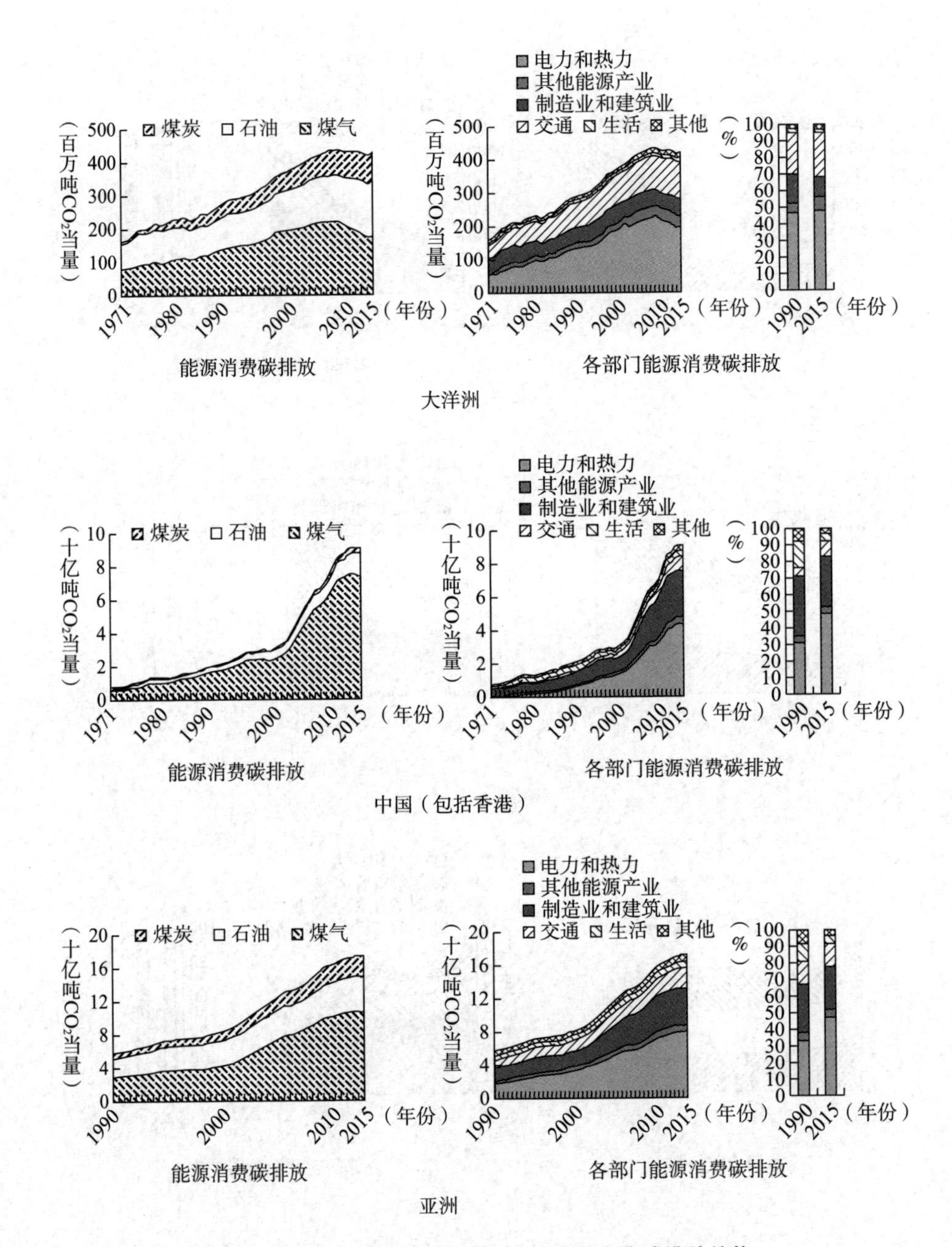

图 2.9　1971—2015 年世界各地区能源消费碳排放结构

资料来源：IEA（2017）。

综上所述，本书通过研究世界各组织和地区1971—2015年的碳排放变化趋势，发现工业和交通碳排放量及其占比与国家的经济发展状态之间呈现一定规律，如表2.1所示。

表2.1　世界各组织和地区交通碳排放量和比例与经济发展状态的关系

经济发展状态	组织或地区	规律描述
初级	非洲	工业碳排放占比低且保持稳定，交通碳排放占比高且持续增长
发展中	世界、亚洲、中国、G20国家、非OECD国家	工业碳排放不断增加且占比高，交通碳排放不断增加且占比低，但二者所占比例均比较稳定
发达	附件二国家、附件一国家、OECD国家	工业碳排放占比较低且比例逐步降低，交通碳排放占比逐渐提高，约为1/3

观察世界各地区的碳排放情况，2015年亚洲的能源消费碳排放总量远高于其他大洲，高达172.59亿吨CO_2当量，而其中中国（含香港）就贡献了90.85亿吨CO_2当量，占全亚洲排放总量的一半以上。在各大洲中，交通碳排放占比也验证了前文所述的工业化越早、发达程度越高的国家或地区占比越高的观点。美洲由于包含美国和加拿大两个主要发达国家，整个洲交通碳排放占比已高达35.02%，且与1990年相比呈现工业碳排放比例下降、交通碳排放比例上升的变化趋势。包含多个老牌发达工业大国的欧洲与经济体相对简单的大洋洲的变化趋势与美洲一致，只是交通碳排放占比总体略低，分别只有23.78%和26.52%，这是由于它们的电力和热力能源消费碳排放比例过高，压缩了其他部门的排放比例。亚洲和中国（含香港）的交通碳排放比例变化趋势相似，1990—2015年分别稳定在14%和9%左右。如果按照前述规律，未来亚洲和中国的交通碳排放数量和比例必定继续高涨，直至稳定在所有能源消费碳排放的1/3左右，势必给全国碳减排目标带来巨大挑战，因此，研究中国的低碳交通发展意义十分重大。

非洲的交通碳排放比例却超出了前述的规律，高达27.49%，道路交通更是占所有交通的95.69%。非洲国家目前总体经济发展水平较低，1971—2015 年工业碳排放量变化很小，稳定在约 0.3 亿吨 CO_2 当量的水平，远低于 2015 年的交通碳排放量；电力和热力、交通运输和其他能源产业的碳排放量却飞速增长。若非洲经济继续发展，结果一定是工业化规模的扩大，届时工业、电力和热力、其他能源产业的碳排放量和比例定会一起增加；而交通运输的发展有限，其碳排放比例也会相应压缩，就像曾经的中国；在之后便会像 OECD 国家和附件二国家一样逐渐走上低碳的环境友好型道路，工业碳排放比例继续降低，交通碳排放再次升高，交通工具和燃料多样化。这个传统的演变过程可能要上百年，但如果非洲各国能够较早采用低碳高效的交通工具和能源，这个过程有望缩短至传统演变过程的十分之一，而这需要世界各国一起携手努力，维护《巴黎协定》中减缓全球气候变化的承诺。

三　达峰国家交通运输碳排放和经济发展的脱钩关系

（一）已达峰国家简介

如表 2.2 所示，截至 2017 年全世界已有 49 个国家或地区碳排放达峰，另外还有 8 个国家在《巴黎协定》国家自主责任中承诺将在未来实现碳排放达峰。由于 1990 年前除欧洲的 3 个国家外，达峰的国家都属于苏联，它们达峰的原因主要是经济体制发生变革，经济发展迟缓或倒退，特点鲜明，因此以“独联体（国家）”代替所在大洲来代表所在地区。

如果已达峰国家继续保持达峰且承诺达峰国家在 2030 年前实现达峰，那么到 2030 年，2014 年全球前十大排放国中将有 7 个国家实现达峰，分别为中国（占比 24%，承诺 2030 年达峰）、美国（占比 13%，2007 年已达峰）、俄罗斯（占比 4%，1990 年前已达峰）、巴西（占比 3%，2004 年已达峰）、日本（占比 3%，承诺 2020 年达峰）、德国（占比 2%，1990 年前已达峰）和墨西哥（占比 1%，承诺 2030 年达峰），它们共占全球温室气体排放总量的 50%，那么世界碳排放达峰目标则极有可能提前完成。

此外，已达峰的碳排放前十大国中，俄罗斯、巴西和德国目前的碳排放均低于1990年的水平，分别为1990年的63%、94%和74%；美国虽然退出了《巴黎协定》，但在能源结构调整（尤其是大力推广天然气和使用电力代替化石能源）、能源效率提高方面成绩突出；加上2008年金融危机的巨大影响，全国能源消费需求下降，预计未来美国碳排放不会超过2007年的水平。这对世界碳减排工作来说是令人欣慰的情况。

表2.2　碳排放已达峰和承诺达峰国家（或地区）概况

达峰时间	数量（个）	国家（或地区）
1990年前	19	欧洲：德国、挪威、塞尔维亚 独联体：阿塞拜疆、白俄罗斯、保加利亚、克罗地亚、捷克、爱沙尼亚、格鲁吉亚、匈牙利、哈萨克斯坦、拉脱维亚、摩尔多瓦、罗马尼亚、俄罗斯、斯洛伐克、塔吉克斯坦、乌克兰
1991—2000年	14	欧洲：法国（1991年）、立陶宛（1991年）、卢森堡（1991年）、黑山共和国（1991年）、英国（1991年）、波兰（1992年）、瑞典（1993年）、芬兰（1994年）、比利时（1996年）、丹麦（1996年）、荷兰（1996年）、摩纳哥（2000年）、瑞士（2000年） 北美洲：哥斯达黎加（1999年）
2001—2010年	16	欧洲：爱尔兰（2001年）、奥地利（2003年）、葡萄牙（2005年）、圣马力诺（2007年）、希腊（2007年）、意大利（2007年）、西班牙（2007年）、冰岛（2008年）、塞浦路斯（2008年）、列支敦士登（2008年）、斯洛文尼亚（2008年） 北美洲：美国（2007年）、加拿大（2007年） 大洋洲：澳大利亚（2006年）、密克罗尼西亚联邦（2001年） 南美洲：巴西（2004年）
2020年前	4	日本、韩国、新西兰、马耳他
2030年前	4	中国、墨西哥、新加坡、马绍尔群岛

在全球经济社会不断进步的今天，通常来说，一个经济依然较为健康的国家或地区碳排放达峰，意味着此地的能源结构和能源效率已足够优化，低碳技术和政策取得了良好的效果，因此，它的低碳技术和经验值得进行深入分析和全面推广。

（二）达峰国家交通运输碳排放和经济发展的脱钩关系

脱钩弹性指数（Decoupling Elasticity Index）可以判断两类变量变化率的脱钩情况，2007 年 Tapio 将脱钩弹性指数进一步划分为 8 种状态（第四章将详细阐述）。其中强脱钩（Strong Decoupling，SD）是最好的状态，弱脱钩（Weak Decoupling，WD）次之，在这两种状态下，社会经济持续发展，而交通运输碳排放要么下降，要么增速低于经济发展的增速，都是较理想的状态。其他状态如联动增长（Expansive Coupling，EC）和增长性不良脱钩（Expansive Negative Decoupling，END）都是交通运输碳排放和经济保持增长，且交通碳排放增速约等于经济增速或高于经济增速，是较差的状态。衰退性脱钩（Recessive Decoupling，RD）是经济衰退时产生的脱钩，亦非良好状态。

将已达峰或承诺达峰国家 1975—2005 年交通运输碳排放和经济发展（GDP）的脱钩关系整理后，结果如表 2.3 所示。由表 2.3 可知，大部分达峰或承诺达峰国家在交通运输碳排放和经济的脱钩关系中表现并不理想，只有 19 个国家的强脱钩或弱脱钩比例超过 50%，约占所有列出国家的 36.54%。其中美国和挪威的脱钩状态最好，1975—2005 年均有 5 次弱脱钩状态；2000—2005 年，只有 7 个国家达到了强脱钩状态（其中马耳他和日本两国暂为承诺达峰状态），17 个国家达到弱脱钩状态（其中韩国暂为承诺达峰状态）。大部分国家在全国温室气体排放达峰后，交通运输碳排放依旧在持续增长。中国虽然在 1975—2005 年有 4 次弱脱钩状态，但 2000—2005 年的状态却发生了恶化，变成了联动增长。

因此，已达峰或承诺达峰国家或地区也许在全国范围内实现了能源结构和能源效率的优化，但交通运输作为能源密集型领域，脱钩状态依旧较差。可以判断，大部分国家或地区的交通运输碳排放达峰时间会晚于全国温室气体达峰时间，交通运输碳排放可能是所有部门中最晚达峰的。优化交通运输能源结构、提高能源效率任重道远。

表 2.3 已达峰或承诺达峰国家（或地区）1975—2005 年交通运输碳排放和经济发展的脱钩关系

国家（或地区）	达峰时间	地区	1975—1980 年	1980—1985 年	1985—1990 年	1990—1995 年	1995—2000 年	2000—2005 年	SD 和 WD 比例（%）	SD 频次（次）	WD 频次（次）
克罗地亚	1990 年前	独联体	—	—	—	SND	END	EC	0	0	0
卢森堡	1991 年	欧洲	END	END	END	END	END	END	0	0	0
瑞士	2000 年	欧洲	END	END	END	END	END	SD	17	1	0
葡萄牙	2005 年	欧洲	WD	EC	EC	END	END	END	17	0	1
意大利	2007 年	欧洲	WD	EC	EC	END	EC	END	17	0	1
西班牙	2007 年	欧洲	END	WD	END	END	END	END	17	0	1
塞浦路斯	2008 年	欧洲	EC	END	END	WD	END	END	17	0	1
阿塞拜疆	1990 年前	独联体	—	—	—	SND	SD	END	33	1	0
捷克	1990 年前	独联体	WD	SD	EC	SND	END	END	33	1	1
格鲁吉亚	1990 年前	独联体	—	—	—	SND	SD	END	33	1	0
匈牙利	1990 年前	独联体	WD	SD	END	RC	EC	END	33	1	1
拉脱维亚	1990 年前	独联体	—	—	—	RC	SD	END	33	1	0
摩尔多瓦	1990 年前	独联体	—	—	—	RC	SD	END	33	1	0
塔吉克斯坦	1990 年前	独联体	—	—	—	SND	END	WD	33	0	1
乌克兰	1990 年前	独联体	—	—	—	SND	RD	WD	33	0	1
哥斯达黎加	1999 年	北美洲	END	SD	END	END	WD	END	33	1	1
巴西	2004 年	南美洲	WD	SD	END	END	END	EC	33	1	1
希腊	2007 年	欧洲	END	END	END	END	WD	WD	33	0	2

续表

国家（或地区）	达峰时间	地区	1975—1980年	1980—1985年	1985—1990年	1990—1995年	1995—2000年	2000—2005年	SD和WD比例（%）	SD频次（次）	WD频次（次）
冰岛	2008年	欧洲	WD	END	END	EC	EC	WD	33	0	2
斯洛文尼亚	2008年	欧洲	—	—	—	SND	SD	EC	33	1	0
新西兰	2020年	大洋洲	SND	WD	END	END	WD	EC	33	0	2
韩国	2020年	亚洲	END	EC	END	END	WD	WD	33	0	2
墨西哥	2030年	北美洲	END	WD	END	END	WD	END	33	0	2
新加坡	2030年	亚洲	EC	WD	END	WD	END	END	33	0	2
保加利亚	1990年前	独联体	WD	WD	END	WD	END	END	50	0	3
罗马尼亚	1990年前	独联体	SD	SD	SND	SND	SND	WD	50	2	1
斯洛伐克	1990年前	独联体	SD	SD	END	WND	WD	END	50	2	1
瑞典	1993年	欧洲	WD	WD	EC	END	WD	EC	50	0	3
比利时	1996年	欧洲	WD	WD	END	WD	END	END	50	0	3
丹麦	1996年	欧洲	WD	EC	END	END	SD	SD	50	2	1
荷兰	1996年	欧洲	WD	SD	EC	EC	WD	END	50	1	2
爱尔兰	2001年	欧洲	EC	SD	WD	EC	EC	WD	50	1	2
奥地利	2003年	欧洲	WD	SD	WD	EC	EC	END	50	1	2
芬兰	1994年	欧洲	—	WD	END	RD	WD	WD	60	0	3
白俄罗斯	1990年前	独联体	—	—	—	SND	SD	WD	67	1	1
爱沙尼亚	1990年前	独联体	—	—	—	RD	WD	WD	67	0	2

续表

国家（或地区）	达峰时间	地区	1975—1980年	1980—1985年	1985—1990年	1990—1995年	1995—2000年	2000—2005年	SD和WD比例（%）	SD频次（次）	WD频次（次）
德国	1990年前	欧洲	EC	WD	EC	WD	WD	SD	67	1	3
哈萨克斯坦	1990年前	独联体	—	—	—	RC	SD	SD	67	2	0
俄罗斯	1990年前	独联体	—	—	—	RC	SD	WD	67	1	1
塞尔维亚和黑山	1990年前	欧洲	—	—	—	SD	SD	END	67	2	0
法国	1991年	欧洲	WD	WD	END	END	WD	SD	67	1	3
立陶宛	1991年	欧洲	—	—	—	RC	SD	WD	67	1	1
英国	1991年	欧洲	EC	WD	END	WD	WD	WD	67	0	4
波兰	1992年	欧洲	SD	SD	RD	WD	WD	END	67	2	2
摩纳哥	2000年	欧洲	EC	SD	SD	END	WD	WD	67	2	2
澳大利亚	2006年	大洋洲	EC	WD	EC	WD	WD	WD	67	0	4
加拿大	2007年	北美洲	WD	WD	WD	WD	EC	EC	67	0	4
日本	2020年	亚洲	WD	SD	EC	END	WD	SD	67	2	2
马耳他	2020年	欧洲	WD	SD	END	END	SD	SD	67	3	1
中国	2030年	亚洲	WD	WD	WD	WD	EC	EC	67	0	4
挪威	1990年前	欧洲	WD	WD	END	WD	WD	WD	83	0	5
美国	2007年	北美洲	WD	WD	EC	WD	WD	WD	83	0	5

注：①由于圣马力诺、列支敦士登、密克罗尼西亚联邦和马绍尔群岛详细碳排放数据不可得，故在本表中未列出。②塞尔维亚和黑山国家联盟，通称塞尔维亚和黑山，简称塞黑，为前南斯拉夫余下没有独立的塞尔维亚和黑山两个共和国于2003—2006年组成的松散联邦制国家。由于成立时间比较短，各自碳排放达峰时间分别为1990年前和1991年，彼时还是独立国家，故在表2.2中分开列出。本表数据截至2005年，彼时作为联邦国家，它们的数据合并列出。

资料来源：Finel和Tapio（2012）。

四 世界交通运输碳排放未来情景

（一）ETP 2015 情景

IEA（2015）在《能源技术展望（Energy Technology Perspective，ETP）2015》中对未来世界交通运输进行了不同的情景分析，分别命名为6DS和2DS情景。6DS情景的含义是，如果不采用低碳政策和技术，那么2100年，全球温度将升高6℃，即初始情景；2DS情景的含义是，为了将2100年全球升温控制在2℃以内（置信区间为50%）要采用的低碳政策和技术情景，这也是《巴黎协定》的要求，即低碳政策情景。IEA中涉及交通部门的低碳技术主要包括智能电网、电动汽车等。

如图2.10（a）所示，在6DS情景下，即在不采取任何额外措施，只是保持现有的能源结构、交通运输增长趋势和经济发展水平，也不增加新的交通运输需求的情景下，2050年世界交通能源消费量将增长近75%，高达约180 EJ。其中OECD国家的交通能源消费量少量增长，非OECD国家增长约150%。相反，在2DS情景下，世界交通能源消费量只会小幅增长，其中，OECD国家减少约1/3，非OECD国家只增长约30%。

图2.10（b）和图2.10（c）展现了2012—2050年如果能实现6DS情景向2DS情景转变所预计的减少世界交通运输碳排放的结构，估计大约能减少全球交通运输部门10 Gt CO_2。

为了实现2DS情景中的交通能源变化趋势，需要在直接减少一次能源使用（Avoid）、能源消费转移（Shift）、使用清洁能源（Low-carbon Fuels）和提高机车效率（Efficient Vehicles）四个方面努力。

如图2.10（b）所示，直接减少一次能源使用的贡献率最高，约占所有碳减排量的50%，也即最大的碳减排潜力来自减少交通运输需求。这种减少需求的建议不是以牺牲生活便捷和生产要求的盲目禁止，而是倡导一种更加集约、高效的运输习惯，例如在货运方面，可进行货物运输时装满所有车厢或集装箱再出发，必要时可以使用货运“共享”的方式；鼓励购买使用本地生产的商品，最大限度地减少商品在运输环节

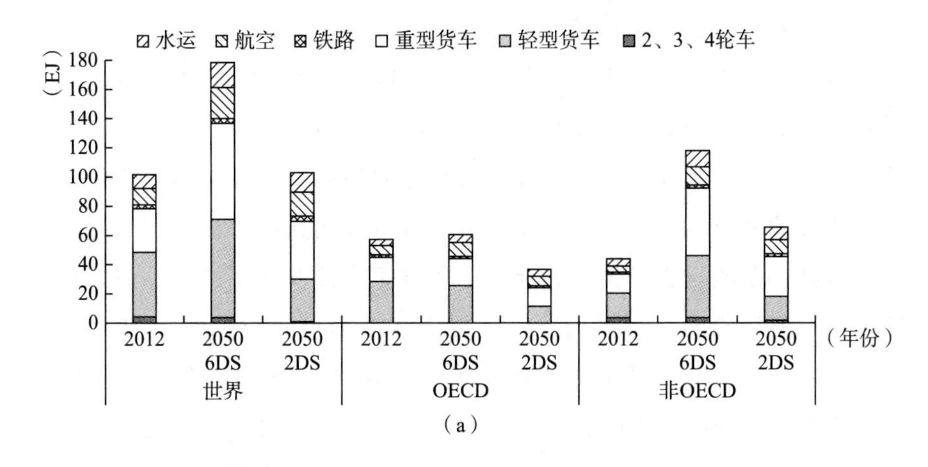

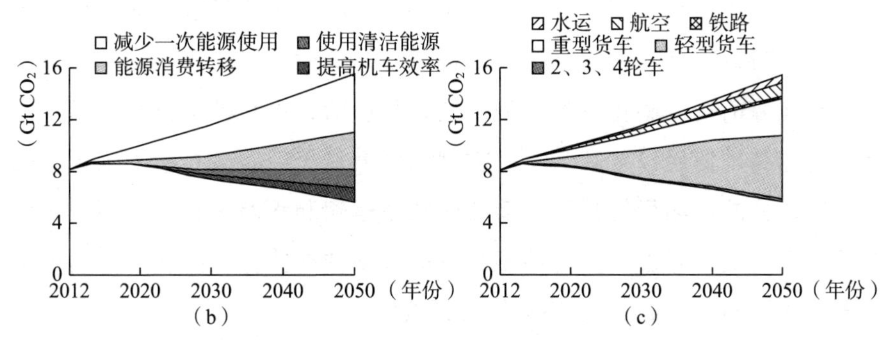

图 2.10　世界交通能源消费碳排放情景预测

资料来源：IEA（2015）。

的碳足迹。在客运方面，以公共交通出行方式代替私人汽车出行，可以大大减少能源消费量，却不会减少周转量。能源消费转移的贡献率约占30%，这种方法不用削减运输需求，只需将排放量较高的运输方式转变为排放量较低的运输方式，例如大宗货运更多地使用水路运输和铁路运输，减少道路运输和航空运输；大宗货运使用多式联运，将运输过程分为多个阶段，在适合的阶段尽量使用更低碳的运输方式，如铁路运输和水运（国际上特指海运）；短距离出行不乘坐汽车，改成步行或骑单车的方式；使用更多 CNG、LNG、电力或生物质燃料供能的汽车代替石油车；铁路电气化等。使用清洁能源和提高机车效率的碳减排能力次之，共计减排约20%，说明交通运输领域的减排，根本措施是能源消费量的节流，其次是改变运输的能源结构和运输结构。

对照图 2.10（a）和图 2.10（c）可知，水运、航空和铁路占交通运输部门的能源消费和碳排放都较少，碳减排潜力也较小。三者之中碳减排潜力最大的是航空运输，民航飞机主要使用航空煤油作为燃料，要求其燃烧效率非常高才能产生足够的能量将飞机送上平流层，因此油品纯度极高，含碳量也极高。目前航空领域正在开发使用由棕榈油、餐饮废油等原料制成的生物煤油，较传统航空煤油可减少 50% ~80% 碳排放量，且原料易得，是十分理想的低碳、清洁可再生能源。为了实现 2DS 情景，航空运输方面必须大力推广生物煤油。铁路和水运已属于低碳排放的交通出行，碳减排潜力很小，它们的减排途径也是努力使用更低碳的燃料，未来应将更多交通运输需求向这两种交通工具转移。道路运输是能源消费和碳排放最大的部门，相应的，也是碳减排潜力最大的部门，尤其是使用以柴油为主的重型和轻型货车的碳减排潜力最大，如果将这部分的运输量转移至更清洁的铁路运输和水路运输，提高货车的能耗标准门槛，开发更多清洁燃料以减少柴油在货车中的使用，则可为世界交通运输部门减少约 40% 的碳排放。

（二）ETP 2017 情景

在越来越多的国家和地区加入全球碳减排承诺的同时，IEA 也在探索更激进的未来。在《能源技术展望 2017》中，IEA（2017）设定了雄心勃勃的情景，将世界交通能源碳排放的碳减排潜力又向前大胆迈进了一步，同时模拟了几个关键国家或组织的碳减排结果。

这份报告共设定了三种情景，分别是参考技术情景（a）、2℃情景（b）、超越 2℃情景（c），它们的说明见表 2.4，模拟结果见图 2.11。

表 2.4　IEA《能源技术展望 2017》情景设定说明

	情景	情景设定说明
a	参考技术情景	指考虑到世界各国及地区现有的发展水平、技术水平、政策实施和碳减排承诺的情景，是一种代表积极转型的情景。这个情景包括了各国在《巴黎协定》中的承诺，要求在 2060 年前做出政策和技术上的重要改变，并在此后尽力大幅削减排放量。在这个情景下，预计到 2100 年，全球平均气温上升 2.7℃；但此时的温度可能并不稳定，仍将继续上升

续表

	情景	情景设定说明
b	2℃情景	和 ETP 2015 里的情景一样，指的是在 2100 年有 50% 可能性将全球平均气温上升限制在 2℃的情景，这个情景的要求比参考技术情景更高，也是 ETP 的核心气候缓解方案。需要在 2060 年时将全球能源消费碳排放减少 70%，且在 2100 年前达到能源系统中的碳平衡，使 2015—2100 年累计排放 1170 Gt CO_2（所有排放源，包括能源消费和工业过程）
c	超越 2℃情景	是超越《巴黎协定》范围的目标，试图探讨通过各种可用的技术和创新手段，能让我们超越 2℃情景，在 2060 年前实现零碳排放，且在此之后保持零排放或负排放水平。这个情景是纯技术推动的情景，尽力挖掘所有技术和创新手段的最大碳减排限度，而不使用限制经济增长的方法。在这个情景下，预计 2015—2100 年全球能源消费累计排放只有 750 Gt CO_2，2060 年左右即可实现能源消费的零碳排放，并实现 2100 年全球平均增温 1.75℃（置信区间为 50%）

图 2.11 展示了世界及主要国家或地区交通能源消费碳减排情景预测的结果，“a—b”代表情景 a 向情景 b 转移的碳减排量，“b—c”代表情景 b 向情景 c 转移的碳减排量，即两种情景间的碳减排差值。由图 2.11 可知，即使是积极向低碳社会转型的情景 a，与 2℃情景相比，碳减排能力也逊色很多，到 2060 年，世界情景 a 向情景 b 转移可以多减排约 7 Gt CO_2 - eq，世界其他地区的碳减排量也十分可观，中国甚至能多减排 1.2 Gt CO_2 - eq。但这不是极限，如果将情景 b 向情景 c 转移，世界还能多减排约 1.95 Gt CO_2 - eq，这对其他国家和地区也同样有明显作用，如果实现这个情景不需要牺牲经济发展速度，则各国和地区都可以努力尝试。未来需要进一步论证情景 c 的技术和创新方案细节及可能带来的经济成本和社会影响。

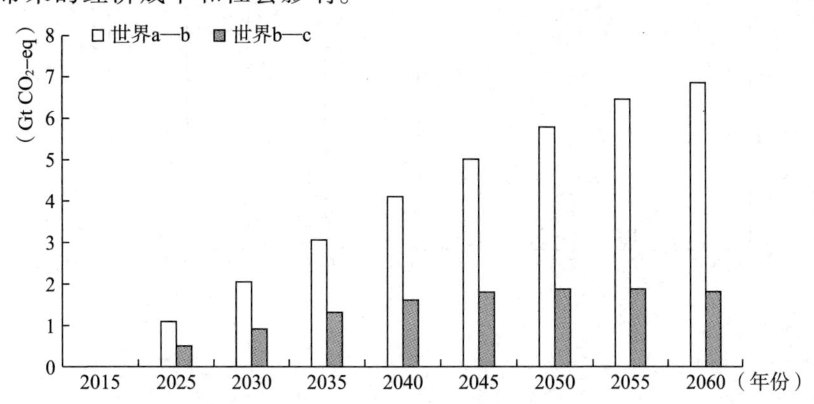

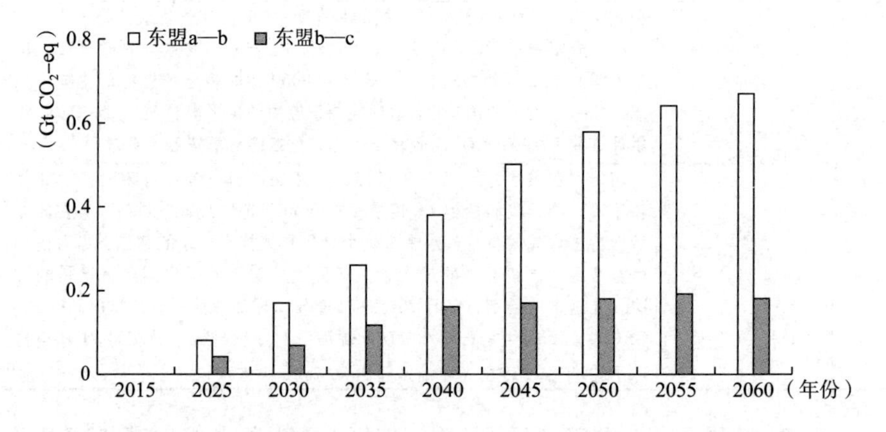

（Gt CO2-eq）
□ 东盟a—b ■ 东盟b—c
0.8
0.6
0.4
0.2
0
2015
2025
2030
2035
2040
2045
2050
2055
2060
（年份）

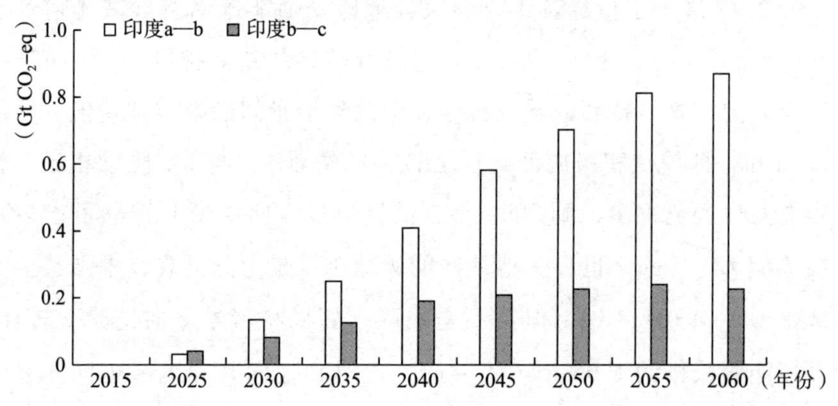

（Gt CO2-eq）
□ 印度a—b ■ 印度b—c
1.0
0.8
0.6
0.4
0.2
0
2015
2025
2030
2035
2040
2045
2050
2055
2060
（年份）

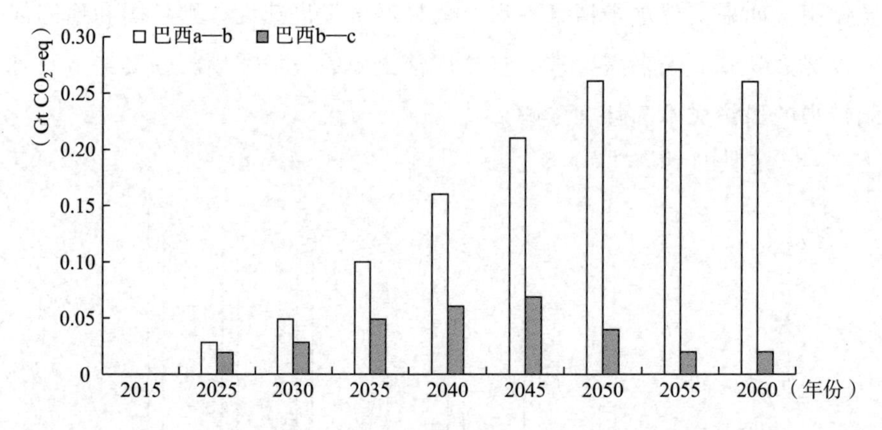

（Gt CO2-eq）
□ 巴西a—b ■ 巴西b—c
0.30
0.25
0.20
0.15
0.10
0.05
0
2015
2025
2030
2035
2040
2045
2050
2055
2060
（年份）

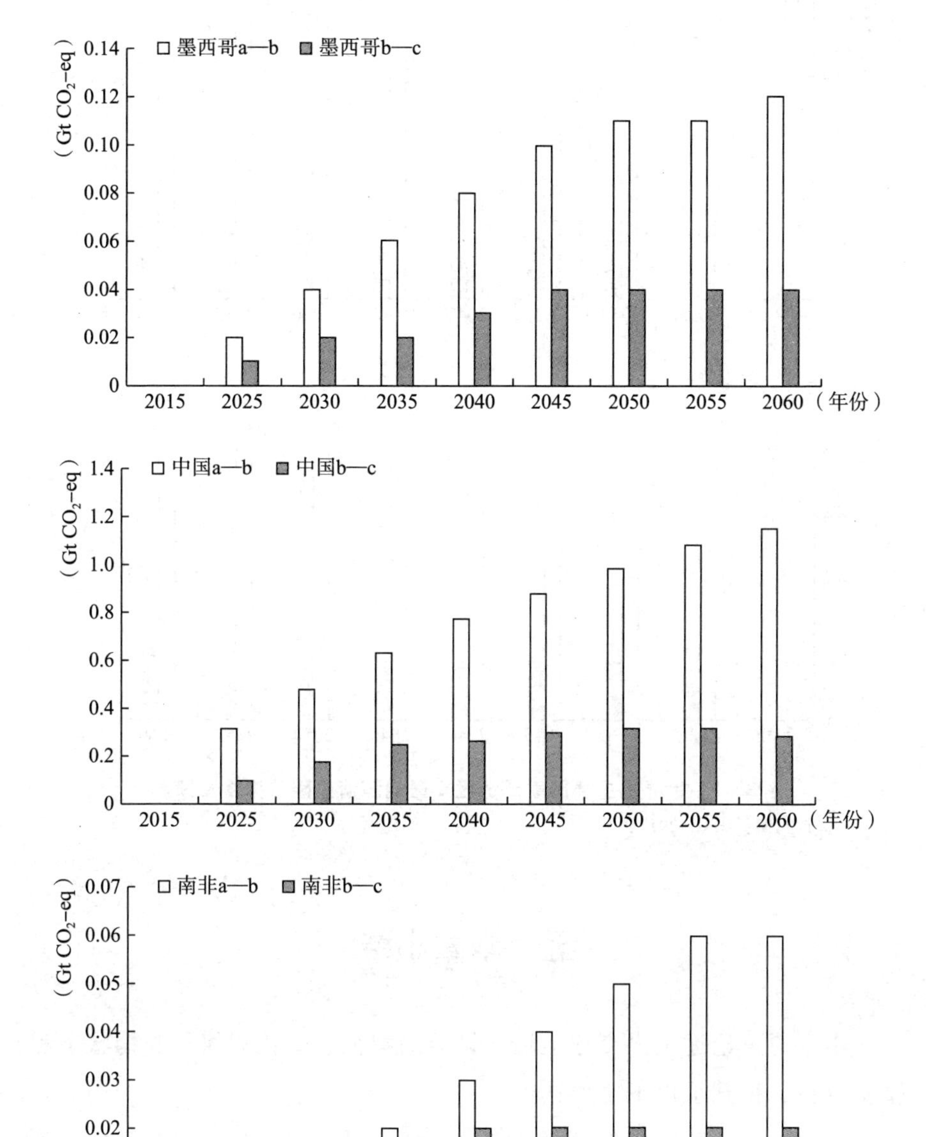
墨西哥a—b
墨西哥b—c
（Gt CO_2-eq）
0.14
0.12
0.10
0.08
0.06
0.04
0.02
0
2015
2025
2030
2035
2040
2045
2050
2055
2060
（年份）
中国a—b
中国b—c
（Gt CO_2-eq）
1.4
1.2
1.0
0.8
0.6
0.4
0.2
0
2015
2025
2030
2035
2040
2045
2050
2055
2060
（年份）
南非a—b
南非b—c
（Gt CO_2-eq）
0.07
0.06
0.05
0.04
0.03
0.02
0.01
0
2015
2025
2030
2035
2040
2045
2050
2055
2060
（年份）

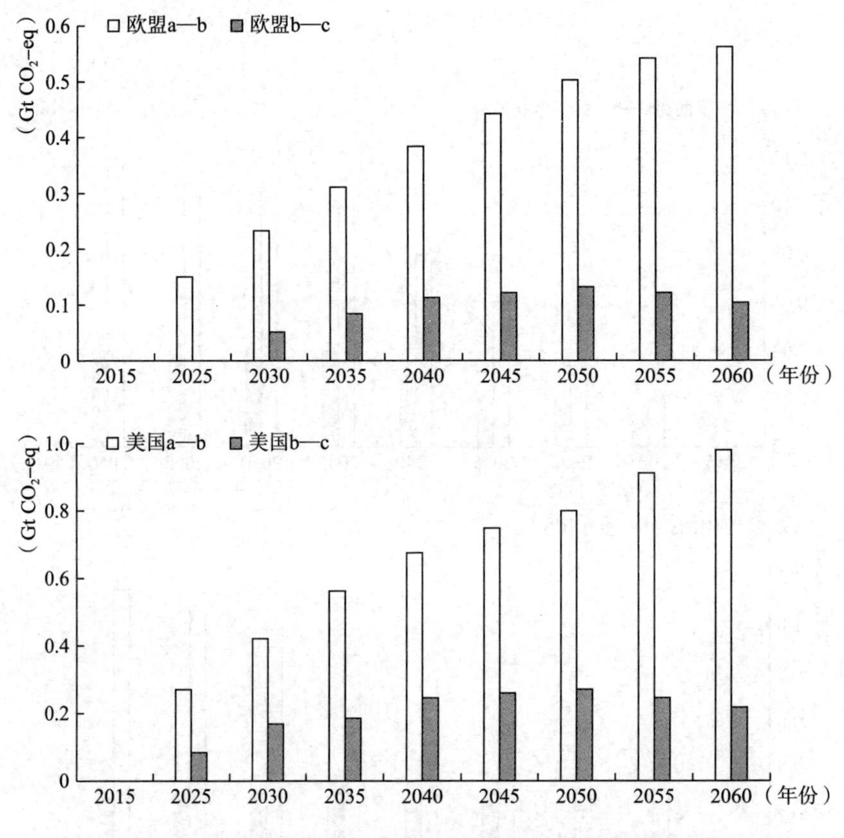

图 2.11 世界及主要国家或地区交通能源消费碳减排情景预测

资料来源：IEA（2017）。

五 本章小结

本章通过论述世界交通运输碳排放的特征、变化规律、脱钩状态和情景分析，得到了以下主要结论。

第一，交通运输部门是全球石油消耗量最大、增长最快的部门，石油燃料也是交通运输部门使用最多的能源。世界能源终端消费里，交通运输部门的能源消费量不论是比例还是绝对值都快速增长，在所有部门中增长最快，即将超过工业部门能源消费量。交通运输碳排放约占世界碳排放的 1/5，未来这一比例还将继续增加。交通运输是世界节能的重点领域，中国交通运输领域的减排任务也不容小觑。

第二，通过研究世界各组织和地区1971—2015年的碳排放变化趋势，发现工业和交通碳排放量及其占比与国家的经济发展状态之间呈现一定规律。按照这个规律，中国交通碳排放占比目前较低，但未来会出现工业碳排放下降、交通碳排放不断增加的情况，必须重视发展低碳交通。

第三，通过分析已达峰或承诺达峰国家1975—2005年交通运输碳排放和GDP的脱钩关系后发现，已达峰或承诺达峰国家或地区的脱钩状态依旧较差。可以判断，大部分国家或地区的交通运输碳排放达峰时间会晚于温室气体达峰时间，交通运输碳排放甚至可能是所有部门中最晚达峰的。中国制定2030年全国碳排放达峰任务时，应注意安排交通运输领域的减排步骤和目标，很大可能会晚于2030年。

第四，通过IEA的情景模拟发现，为了实现交通运输领域的碳减排，减少一次能源使用量是最有效的方法，可以贡献1/2的碳减排效果；其次是能源消费转移（能源结构调整和交通工具调整），可以贡献约30%的碳减排效果。使用清洁能源和提高机车效率的作用比较有限。如果为了短时间、低投入、最大化减少交通运输碳排放，应重点关注直接减少能源消费和能源结构调整这两个措施的效果。在所有交通运输形式里，道路货运的碳减排潜力最大，应使用水路货运和铁路货运等更清洁的方式代替道路货运。

第五，中国发展低碳交通压力巨大，但如果采取合理的措施，能为世界和中国应对气候变化行动做出贡献的潜力也十分巨大，应进行全面、系统、深入的分析。

第 三 章

中国交通运输发展及能源消费碳排放现状

一 中国交通运输碳排放核算

中国交通运输部门与其他部门相比，碳排放特点鲜明，需要细致讨论其核算方法，而不能简单由《中国能源统计年鉴 2018》中“交通运输、仓储和邮政业”的能源消费数据乘以国际缺省的碳排放因子直接得出。主要原因包括以下几个方面。

（1）统计口径。中国交通运输部门能源消耗数据包括了仓储业和邮政业，且未包含非运营类交通工具的能源消费，和国际交通运输部门的统计口径差异很大，导致既不能获取全口径的交通运输碳排放数据，也不便于进行国际比较。

（2）化石燃料排放因子。中国化石燃料的标准与国际标准不同，其排放因子也有鲜明的本地特色，如果盲目使用国际缺省排放标准会带来较大误差，因此推荐使用本地化排放因子以更准确地反映中国化石燃料燃烧的碳排放情况。

（3）电力排放因子。电力是二次能源，是交通运输领域使用的重要能源，在进行全行业碳排放分析时，由于发电部门的排放已单独计算，常将其他行业的电力消费排放视作零。这样通常会造成对其他部门排放的低估，也无法完全反映中国交通运输的能源消费，因此本书将电力消费碳排放纳入核算范围。

只有先讨论清楚以上三个涉及核算的关键问题，才有可能准确核算中国交通运输碳排放。

（一）中国交通运输碳排放核算边界

中国交通运输在《2017 年国民经济行业分类》（GB/T 4754—2017）中最接近的行业为“交通运输、仓储和邮政业”，与通常意义上对交通运输的认识范围不一样，它的范围不仅额外包括仓储业和邮政业，在狭义上交通运输部门也仅包含从事社会运营的交通手段，而不包括用于农业、工业、建筑业、批发零售业和生活消费领域的交通手段。与此相对应的，所有层级的交通运输部门能源消费数据、经济增加值等内容的统计口径都是按照这个行业分类开展的。一方面，它包含了不属于交通运输部门的邮政业和仓储业；另一方面，它没有考虑到非运营交通形式的能源消费和经济贡献。目前，中国以私人汽车为代表的非运营交通工具保有量飞速增长，私人汽车保有量从 2000 年的 625 万辆飙升至 2016 年的 16330 万辆（国家统计局，2018），增加了 25 倍，可以预见其贡献的能源消费碳排放比例也相应飞涨，不可忽视。如果直接按照中国能源平衡表的交通运输部门能源消费量来核算中国交通运输领域碳排放，将无法反映这部分的变化。为了更加准确地反映中国交通运输的实际碳排放量，并参与国际横向比较，有必要仔细讨论它的核算范围和核算方法。

通常认为的交通运输能源消费范围与《2006 年 IPCC 国家温室气体清单指南》里的移动源分类一致，包括道路运输、铁路运输、航空运输、水路运输和其他运输（如管道运输）。由于管道运输的数据较难获取，且能源消费和碳排放所占的比例很低，2013 年其占世界交通碳排放的 1.9%（IEA and UIC，2016），所以本书只考虑其他四种主要运输方式，它们的概况见表 3.1。

表 3.1 中国交通运输领域的四种运输方式

运输方式	交通工具类型	燃料类型	产业领域	出行目的
道路	摩托车、微型车、载客汽车、载货汽车、牵引车、挂车、拖拉机、三轮汽车及低速载货汽车等	汽油、柴油、天然气、液化天然气、液化石油气、电力、甲醇、乙醇和生物质燃料等	交通运输业、农业、工业、建筑业、服务业、生活消费	运营用途（城市客运、公路营运）和私人出行
铁路	蒸汽机车、内燃机车和电力机车	煤炭、燃油（柴油为主，还有少量汽油）和电力	交通运输业	运营用途（载客、载货和邮电运输等）
航空	民航飞机	航空煤油	交通运输业	运营用途（客运和少量货运）
水路	机动船、驳船	燃料油和柴油	交通运输业	运营用途和少量私人出行

从表 3.1 可知，铁路运输、航空运输和水路运输均以运营用途为主，主要能源消费包含在交通运输业内；而道路运输因其交通工具类型和燃料类型多样，出行目的复杂，其能源消费涵盖了交通运输业、农业、工业、建筑业、服务业和生活消费等领域，计算时必须将其考虑进去。若仅计算交通运输业的能源消费碳排放，会严重低估实际排放情况，其他产业的交通运输能源消费不可忽略。

结合实际情况和已有研究成果（李连成、吴文化，2008；刘璟，2013），本书将中国交通运输领域能源消费核算范围总结为表 3.2。

表 3.2 中国交通运输领域能源消费核算范围

单位：%

能源类型	运输方式	产业类型					
		交通运输业	农业	工业	建筑业	服务业	生活消费
原煤	铁路	100	—	—	—	—	—
汽油	道路	100	100	95	95	95	100
煤油	航空	100	—	—	—	—	—
柴油	道路、铁路和水路	100	95	35	35	35	95
燃料油	水路	100	—	—	—	—	—
液化石油气	道路	100	—	—	—	—	—

续表

能源类型	运输方式	产业类型					
		交通运输业	农业	工业	建筑业	服务业	生活消费
天然气	道路	100	—	—	—	—	—
液化天然气	道路	100	—	—	—	—	—
电力	道路和铁路	80	—	—	—	—	—

由表3.2可知，农业、工业、建筑业、服务业和生活消费等领域大部分汽油和部分柴油是用于交通运输用途的；交通运输业大部分能源100%用于运输，但电力消费除了为汽车、火车等供能外，还用作交通设施的照明、制冷等设备的能源，属于建筑部门消费，因此只有80%算在本书的核算范围内。

此外，考虑尽可能多的部门还有一个优点——抵消统计口径调整带来的误差。研究期内，中国的交通运输道路客运、各种运输方式的周转量、公路里程、能源种类等统计口径不断调整，而在公开的统计资料中却鲜有详细说明。例如，在《广东统计年鉴2017》中的“运输邮电主要指标”章节里，小注中对统计口径的调整只有“2014—2015年，因公路和水路运输调查方法调整，客运量和旅客周转量、货运量和货物周转量与之前数据不可比”这一句说明，对实际调整办法语焉不详。

由于中国交通运输领域统计口径的差别，如果核算中国交通运输碳排放时只考虑交通运输业，便可能因统计口径的频繁调整出现较大误差。而将所有交通运输形式都纳入核算范围，便可以更接近中国交通运输的实际情况，也可以最大限度地抵消统计口径调整带来的误差。

此外，《中国能源统计年鉴》中的数据统计口径2017年后也发生了较大调整，不适合用于时序分析，故不使用。经实证数据验证，2000—2016年的中国交通运输数据连续性较好，计算结果较为准确，符合中国交通发展实际；加上交通本就是重能源型领域，其发展趋势受政策影响较小，2000—2016年数据足以反映中国交通运输领域的趋势。

因此，出于对数据可得性和可比性的综合考虑，本书的统计和核算范围为：2000—2017年中国交通运输能源消费量和碳排放量；2005—

2016 年 30 个省（区、市）（不包括西藏、港澳台）的交通运输能源消费量和碳排放量。

（二）中国交通运输碳排放核算方法

如前文所述，碳排放核算主要包括“自上而下”的排放系数法和“自下而上”的里程能耗法两种方法，它们有各自适用的场景。

在较为微观的研究区中，如单个城市及更小范围，使用“自下而上”的核算方法，通过统计每个排放源的车型、车龄、燃料种类、能耗水平、行驶里程、道路拥堵状况、出行偏好等多种信息，理论上可以较为准确地计算出研究区的交通运输碳排放总量。

但当研究区扩大，上升至省级或全国范围时，“自下而上”方法所需要的基础数据的不确定性会大幅增加，计算精度严重下降，导致核算结果误差极大，加上中国的能源统计数据相比机动车行驶情况数据更为全面，因此中国更适合使用“自上而下”的核算方法。

理想情况下，对同一个研究区使用不同的核算方法，计算结果应该相同或相近，但蔡博峰等（2012）使用排放系数法和行驶里程法两种方法计算中国 31 个省（区、市）2007 年道路交通碳排放水平，其中行驶里程法细致考察了各地级市的 34 类机动车，结果显示，“自下而上”方法的计算结果普遍高于“自上而下”方法，总体汽油消耗高出 68%。

综上，本书的研究对象为中宏观尺度的全国和 30 个省（区、市）的交通运输碳排放，将选择 IPCC 推荐的移动源燃料消耗算法进行核算，计算方法如下：

$$C = \sum_{ij} C_{ij} = \sum_{ij} E_{ij} \cdot f_j \tag{3.1}$$

公式（3.1）中，C 表示交通运输碳排放量；i 为交通工具类型，包括道路运输、铁路运输、航空运输和水路运输共 4 类；j 为能源类型，包括原煤、汽油、煤油、柴油、燃料油、液化石油气、天然气、液化天然气和电力 9 类；C_{ij}表示第 i 种交通工具中第 j 种能源的碳排放；E_{ij}表示第 i 种交通工具中第 j 种能源的消费量；f_j为第 j 种能源的排放因子，即碳排放因子。

最新的测算结果显示，使用 IPCC 缺省的排放因子计算中国本地能源消费活动数据会带来超过 10% 的误差（Shan et al. , 2018；Mi et al. , 2017；Guan et al. , 2015）。采用本地化的排放因子可以更贴合研究区的实际情况，根据最新研究成果总结出的本地化碳排放因子参见表 3. 3。

由于还有少数能源在上述研究成果中未被提及，所以本书还参考了目前国内广泛采用的《省级温室气体清单编制指南》推荐的排放因子。当缺乏本地化排放因子数据时，则采用《省级温室气体清单编制指南》推荐的排放因子。

此外，表 3. 3 还列出了《中国能源统计年鉴》中推荐的各种能源的折标准煤系数。需要注意的是，表 3. 3 中的碳排放因子指单位燃料燃烧排放碳元素的量，是以 CO_2 当量为单位的排放因子的 12/44。

表 3. 3 各种能源折标准煤系数和排放因子

序号	能源	折标准煤系数（kg Eq-Coal/kg 或 kg Eq-Coal/m^3）	本地化碳排放因子（10^4t C/10^4t 或 10^4t C/ $10^8$$m^3$）	《省级温室气体清单编制指南》推荐的排放因子（10^4t C/10^4t 或 10^4t C/ $10^8$$m^3$）
1	原煤	0. 714	0. 553	0. 540
2	洗精煤	0. 900	0. 684	0. 656
3	其他洗煤	0. 429	0. 389	0. 260
4	煤矸石	0. 220	—	0. 780
5	焦炭	0. 971	0. 879	0. 780
6	焦炉煤气	0. 571	3. 460	1. 515
7	高炉煤气	0. 129	—	2. 668
8	转炉煤气	0. 271	—	0. 756
9	其他煤气	0. 624	—	1. 784
10	其他焦化产品	1. 154	—	0. 769
11	原油	1. 429	—	0. 863
12	汽油	1. 471	0. 832	0. 798
13	煤油	1. 471	0. 862	0. 827
14	柴油	1. 457	0. 869	0. 844
15	燃油	1. 429	0. 907	0. 865

续表

序号	能源	折标准煤系数（kg Eq-Coal/kg 或 kg Eq-Coal/m^3）	本地化碳排放因子（10^4t C/10^4t 或 10^4t C/ $10^8$$m^3$）	《省级温室气体清单编制指南》推荐的排放因子（10^4t C/10^4t 或 10^4t C/ $10^8$$m^3$）
16	石油焦	1.050	—	0.826
17	炼厂干气	1.571	0.935	0.821
18	其他石油燃料	1.330	0.869	0.689
19	液化石油气	1.714	0.877	0.846
20	天然气	1.330	5.959	5.897
21	液化天然气	1.714	—	0.788

资料来源：Shan 等（2017）、Guan 等（2012）、景侨楠等（2018）。

（三）电力消费碳排放因子

电力是一种二次能源，是交通运输部门使用的重要能源，但是否将电力碳排放纳入核算范围，引起了很多争议。在进行全行业碳排放分析时，由于发电部门的排放已单独计算，其他行业的电力消费排放视作零，这种做法情有可原，可以避免重复计算。但只研究交通运输碳排放时观点却有冲突（周新军，2016）。不考虑电力碳排放的理由有以下几个方面。

（1）从科学统计的角度看，发电过程产生的碳排放应计入发电的主体即发电厂的排放，而不应计入不产生碳排放的消费环节，否则会造成重复计算。

（2）从碳排放足迹生命周期角度看，电力碳排放只涉及采掘、运输及发电三个环节，在电力消费过程中，电力是已有的，不产生碳排放。

（3）从责任角度看，各行业消费的电力是无差别的，与电力的来源无关，不管它是火电，还是水电、风电、核电、太阳能电，发电企业应对自己造成的碳排放负责，而不应由消费环节来承担火力发电比例高产生的高碳排放责任。

（4）从社会成本角度看，对电力消费端征收的碳税和电费，并不完全反映电力生产的成本，还考虑到了许多社会公益因素，也不能将电力消费过程本身视作产生了碳排放。

本书认为，发电厂不是普通的能源消费型企业，而是维持国家生产、生活正常进行的必不可少的能源供给型企业。中国的清洁发电，不仅要靠供给侧的结构性改革，也需要需求强劲的消费侧的帮助，只有政府部门、发电企业、社会投资主体、社会用电主体达成共识，才能将政策落到实处。虽然电力是二次能源，在消费过程中不产生碳排放，但它的生产过程确实会造成碳排放，使用电力时必须考虑到这一点。

如果研究交通运输碳排放时将电力消费碳排放纳入考虑，会得到以下结论。

（1）从科学统计的角度看，在中国能源平衡表上，如图 3.1 所示，“国家或地区的电力消费总量 = 可供本地区消费的电量 + 加工转换投入产出量 - 平衡差额 = 终端消费量 + 损失量”。本地电力调入量、进口量和发电量属于供给侧，交通运输行业消费量属于消费侧，如果本书将所有电力能源消费分摊到各终端消费领域，包括农、林、牧、渔业，工业，建筑业，交通运输、仓储和邮政业，批发和零售业，住宿和餐饮业，生活消费和其他消费途径，即只考虑消费侧电力消费碳排放，就无须再次考虑供给侧碳排放（主要指发电厂生产过程中的碳排放），便不会造成重复计算。

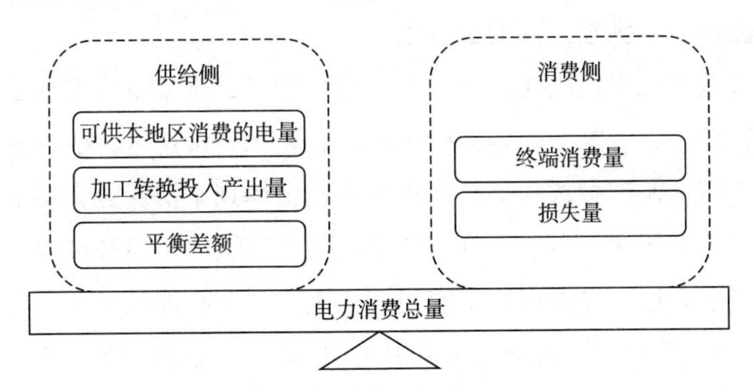

图 3.1　能源平衡表中电力消费总量平衡关系

（2）从碳排放足迹的生命周期角度看，虽然电力消费过程中不直接产生碳排放，但如果将所有电力消费量平摊到各终端消费行业的话，每一度被消费的电的采掘、运输和生产过程产生的碳排放，也应计入各消费领域。

（3）从责任角度看，消费端的责任不能仅仅停留在电力付费层面，而应在更广阔的领域为清洁发电承担责任。理论上，交通运输部门和其他终端消费部门需要使用大量电力时，发电厂便会生产大量电力；没有电力使用需求时，发电厂便不会生产电力。虽然电力结构清洁与否主要是由发电企业决定的，但发电行业作为维持社会生产生活、日常运行的基础部门，满足消费侧的需求才是发电厂的最大生产目的。试想，随着未来低碳社会要求的提高和交通运输部门的电气化发展，化石能源消费比例势必不断降低，电力消费比例必将大幅提高。目前社会普遍认为电气化交通运输方式更加低碳，但是如果用电结构以火电为主，电力碳排放因子会高于石油产品，如何能算低碳交通呢？因此，如果把调整电力结构的责任也分给各个行业，则各电力终端消费行业在减排责任的驱使下必定发挥更大创造力，帮助调整电力结构。

（4）从社会成本角度看，越来越多的国家和地区开始向消费侧征收碳税，中国也正在进行试点和探索。对消费电力征收碳税，不是因为电力消费过程本身会产生碳排放，而是为了强调消费侧的社会责任，引导节约用电。只有消费侧和供给侧双方一起努力，才能推动全国清洁发电，才能进一步推动低碳交通发展。

随着铁路机车电气化、汽车电气化的发展，未来电力交通工具的比例会快速提高，计算交通运输碳排放时，如果不考虑电力的碳排放，会造成对交通运输碳排放的低估，也无法完整体现中国交通运输的能源消费方式。综上所述，本书将电力消费的碳排放纳入了核算范围。

由于电力生产过程中除了使用表 3.3 中的一次能源外，还有热力投入，热力生产过程的能源消耗比例每年不同。通过公式（3.1）和表 3.3 提供的碳排放因子，本书先计算了 2000—2017 年热力生产的能源消费量和碳排放量，以得出每年的热力碳排放因子，如表 3.4 所示。

表 3.4　2000—2017 年中国热力碳排放概况

年份	生产量（10^{12}kJ）	生产量（10^4t Eq-Coal）	消费量（10^4t Eq-Coal）	损失量（10^4t Eq-Coal）	损失率（%）	碳排放量（10^4t C）	$f_{热力生产}$（t C/t Eq-Coal）
2000	1461.36	4983.24	4923.20	60.04	1.20	6981.22	1.40
2001	1532.03	5224.24	5163.01	61.23	1.17	7262.23	1.39
2002	1641.91	5598.91	5530.51	68.40	1.22	7138.95	1.28
2003	1773.00	6045.93	5976.84	69.09	1.14	8026.75	1.33
2004	1925.87	6567.20	6490.12	77.08	1.17	9568.35	1.46
2005	2288.95	7805.31	7715.59	89.72	1.15	11995.97	1.54
2006	2468.12	8416.29	8314.90	101.39	1.20	13033.30	1.55
2007	2586.03	8818.35	8710.29	108.06	1.23	12711.52	1.44
2008	2577.63	8789.72	8681.66	108.06	1.23	13472.17	1.53
2009	2667.48	9096.10	8988.04	108.06	1.19	14568.66	1.60
2010	2978.06	9334.49	9218.55	115.94	1.24	15527.86	1.66
2011	3177.59	10984.13	10863.55	120.58	1.10	16708.02	1.52
2012	3396.85	11810.14	11685.95	124.19	1.05	19947.99	1.69
2013	3621.13	12433.40	12290.58	142.82	1.15	20376.94	1.64
2014	3742.50	12900.59	12729.20	171.39	1.33	21562.58	1.67
2015	3990.30	13606.91	13440.66	166.25	1.22	22947.26	1.69
2016	4305.07	14680.28	14522.35	157.93	1.09	25408.05	1.75
2017	4539.22	15825.35	15478.72	164.28	1.06	27525.94	1.78

注：生产量和消费量之差来自平衡差值、损失量和回收能等可能形式，本表仅列出损失量。
资料来源：历年《中国能源统计年鉴》中的中国能源平衡表。

由表 3.4 可知，2000—2017 年中国热力生产量、消费量和碳排放量总体在不断增加，生产量由 2000 年的 4983.24 万吨标准煤增长至 2017 年的 15825.35 万吨标准煤，增长了 2.18 倍；碳排放量由 2000 年的 6981.22 万吨增长至 2017 年的 27525.94 万吨，增长了 2.94 倍；碳排放量增速快于生产量和消费量的增速。热力损失率在波动中呈下降趋势，且在 2011 年下降尤其明显，这与技术进步和低碳政策的要求密不可分，虽然 2014 年有所反弹，但 2016 年损失率又迅速下降，低于 2000 年水平和平均损失率。但是热力的碳排放因子却在波动中不断升高，这是由于热力生产的主要能源依然是煤炭，平均占热力碳排放量的65%；各类煤气的比例也在波动中上升，平均占比16%；天然气的使用比例在部分年份有所提高，但变化非常剧烈，最后导致平均占比和2000年水平持平，约为16%。同样作为二次能源，热力生产过程的碳排放比发电碳排放更容易被遗忘，本书在研究过程中几乎没有看到提及热力碳排放的文章，但它的能源结构和碳排放因子依然有极大的优化空间，未来必须引起重视。

接着用相似的方法，计算2000—2017年中国火力发电能源消费量和碳排放量，用火力发电碳排放量除以所有发电方式生产的电量（除火电外，其他发电方式不直接产生碳排放），得出每年的中国电力碳排放系数，结果见表3.5和表3.6。由表3.5可知，2000—2017年，中国发电总量从1.36万亿千瓦时增加到6.50万亿千瓦时，增加了3.79倍，年均增长率高达9.65%，用电量也相应增长。随着输变电技术的进步，中国电力损失比例在不断下降，从6.91%下降至4.92%。火电发电量稳定增加，年均增速为8.79%；火电比例在波动中不断下降，从2000年的82.19%下降至2017年的71.79%，从2012年开始下降趋势尤其明显。2000—2017年水电、核电等一次能源发电量飞速提升，年均增速分别为10.37%、17.19%；风电量也飞速提升，2010—2017年年均增速为30.97%，它们在中国发电总量中的份额日益增加，至2017年已高达28.21%。这一数字令人欣喜，预计未来此比例还将快速攀升。

表3.5 2000—2017年中国发电结构

单位：亿千瓦时，%

年份	水电量	核电量	风电量	火电量	发电总量	损失量	损失比例	火电比例
2000	2224.14	167.37	—	11141.86	13556.00	936.71	6.91	82.19
2001	2774.32	174.72	—	11834.25	14808.02	1033.47	6.98	79.92
2002	2879.74	251.27	—	13381.36	16540.00	1168.66	7.07	80.90
2003	2836.81	433.42	—	15803.61	19105.75	1260.68	6.60	82.72
2004	3535.44	504.69	—	17955.88	22033.10	1420.60	6.45	81.50
2005	3970.17	530.88	—	20473.36	25002.60	1706.47	6.83	81.88

续表

年份	水电量	核电量	风电量	火电量	发电总量	损失量	损失比例	火电比例
2006	4357.86	548.43	—	23696.03	28657.26	1858.83	6.49	82.69
2007	4852.64	621.30	—	27229.33	32815.53	2061.71	6.28	82.98
2008	5851.87	683.94	—	27900.78	34668.82	2137.88	6.17	80.48
2009	6156.40	701.34	—	29827.80	37146.50	2258.22	6.08	80.30
2010	7221.72	738.80	446.22	33319.28	42071.60	2568.24	6.10	79.20
2011	6989.45	863.50	703.31	38337.02	47130.19	2700.70	5.73	81.34
2012	8721.07	973.94	959.78	38928.14	49875.53	2896.16	5.81	78.05
2013	9202.91	1116.13	1411.97	42470.09	54316.37	3140.71	5.78	78.19
2014	10643.37	1325.38	1560.78	42686.49	56495.83	3099.88	5.49	75.56
2015	11302.70	1707.89	1857.66	42841.88	58145.73	2987.86	5.14	73.68
2016	11933.74	2132.87	2730.71	44370.68	61424.86	3062.93	4.99	72.24
2017	11898.40	2480.70	2950.20	46627.40	64951.40	3195.80	4.92	71.79

由表 3.6 可知，2000—2017 年，中国电力能源消费碳排放量除了 2014 年较上一年有少量下降外，其他时间段碳排放量都飞速增长，由 2.56 亿吨增长至 11.86 亿吨，增加了 3.64 倍，年均增速为 9.45%，高于火力发电量的增速。相应的，电力碳排放因子也一直在波动中保持着较高的水平，在 2011 年后显著下降，至 2014—2017 年降至 1.50t C/t Eq-Coal 左右，最高值 1.65t C/t Eq-Coal 出现在 2006 年和 2009 年，最小值 1.49t C/t Eq-Coal 出现在 2001 年和 2014 年，到 2017 年在稳定中小幅上升。随着越来越多领域的电气化改造，可以预见未来电力需求将越来越大，然而现在的电力碳排放因子依然很高。未来，电力企业应继续加强技术改造，调整发电结构和供电管理方式，将中国电力变成真正清洁的能源。

表 3.6　2000—2017 年中国电力碳排放概况

年份	火电量 (10^4t Eq-Coal)	一次电量 (10^4t Eq-Coal)	发电总量 (10^4t Eq-Coal)	损失量 (10^4t Eq-Coal)	终端消费量 (10^4t Eq-Coal)	碳排放量 (10^4t C)	$f_{电力生产}$ (t C/t Eq-Coal)
2000	13693.35	2966.98	16660.32	1151.22	15481.30	25557.71	1.53
2001	14544.29	3654.76	18199.06	1270.13	16898.53	27167.57	1.49

续表

年份	火电量（10^4t Eq-Coal）	一次电量（10^4t Eq-Coal）	发电总量（10^4t Eq-Coal）	损失量（10^4t Eq-Coal）	终端消费量（10^4t Eq-Coal）	碳排放量（10^4t C）	$f_{电力生产}$（t C/t Eq-Coal）
2002	16445.69	3881.97	20327.66	1436.28	18857.42	30696.58	1.51
2003	19422.64	4058.33	23480.97	1549.38	21892.37	36319.62	1.55
2004	22067.78	5010.90	27078.68	1745.92	25287.18	41470.74	1.53
2005	25161.76	5566.44	30728.20	2097.25	28596.30	49306.49	1.60
2006	29122.42	6097.35	35219.77	2284.50	32867.75	58147.49	1.65
2007	33464.85	6865.44	40330.29	2533.84	37658.48	64241.00	1.59
2008	34290.06	8317.92	42607.98	2627.45	39695.11	66571.25	1.56
2009	36658.37	8994.68	45653.05	2775.35	42311.18	75403.47	1.65
2010	40949.40	10756.60	51706.00	3156.37	48124.91	80317.84	1.55
2011	47116.20	10806.81	57923.00	3319.16	54312.68	93098.29	1.61
2012	47842.68	13454.34	61297.03	3559.38	57378.04	97661.92	1.59
2013	52195.74	14559.08	66754.82	3859.93	62753.22	105424.12	1.58
2014	52461.70	16971.68	69433.38	3809.75	65485.80	103461.75	1.49
2015	52652.67	18808.43	71461.10	3759.57	67634.48	106903.99	1.50
2016	54531.57	20959.59	75491.15	3709.39	71569.78	113363.20	1.50
2017	57305.07	21297.71	78602.78	3867.49	75737.25	118614.52	1.51

二　中国交通运输周转量特征

（一）中国交通运输周转量整体特征

随着经济的蓬勃发展，各行各业对交通运输的需求都在持续增加，2000—2017年中国交通运输领域运输量和周转量上升都较快。周转量比运输量能描述更多的运输信息：货物运输量的单位是吨，旅客运输量的单位是人，指的是各种交通工具所运输的货物或旅客数量；货物周转量的单位是吨公里，旅客周转量的单位是人公里，指的是各种交通运输方式将各种数量货物或旅客运输的距离。因此，本书主要使用周转量来衡量中国的交通运输规模。

由于货运和客运的周转量单位不同，可以使用换算系数将它们的单位统一，以计算总的交通运输周转量。根据已有文献研究（庄颖、夏斌，2017），铁路客运换算系数为 1，道路客运换算系数为 0.1，水路客运换算系数为 0.33，航空客运换算系数为 0.072 ~ 0.075，本书取平均值 0.0735。全国交通运输周转量数据来自《中国统计年鉴 2020》，各省（区、市）数据来自各省（区、市）的统计年鉴。

如图 3.2 所示，中国交通运输（除管道运输）周转量从 2000 年的 48987.34 亿吨公里增长至 2016 年的 196200.30 亿吨公里，增长了 3 倍，年均增长率达 9.06%，只在 2013 年和 2015 年出现过小幅度的暂时下降。其中，客运周转量从 5302.84 亿吨公里增长了 1.69 倍，达到 14241.82 亿

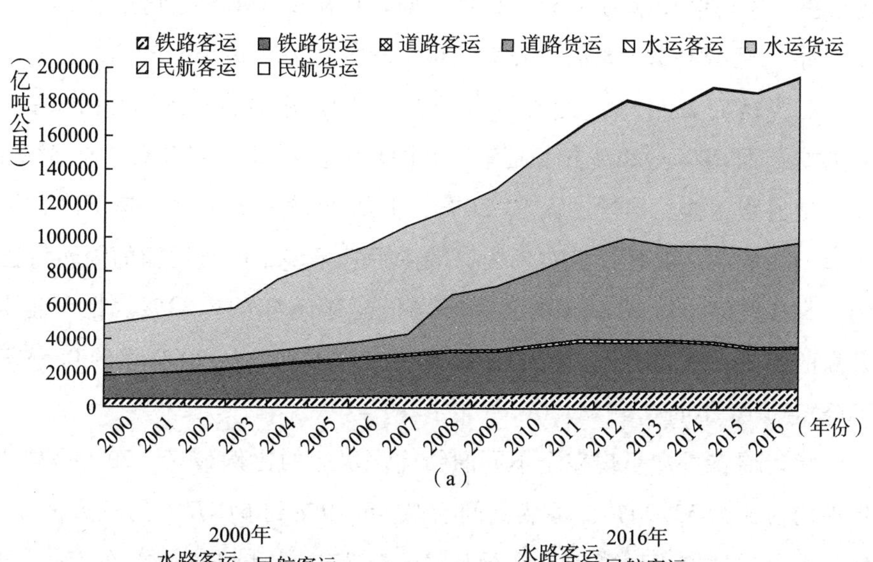

（a）

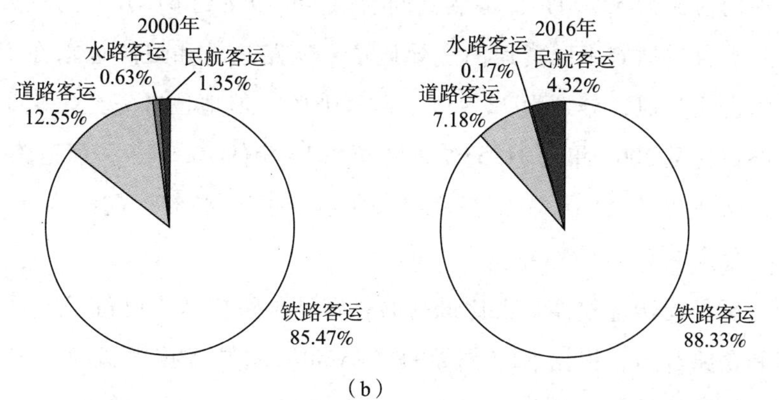

（b）

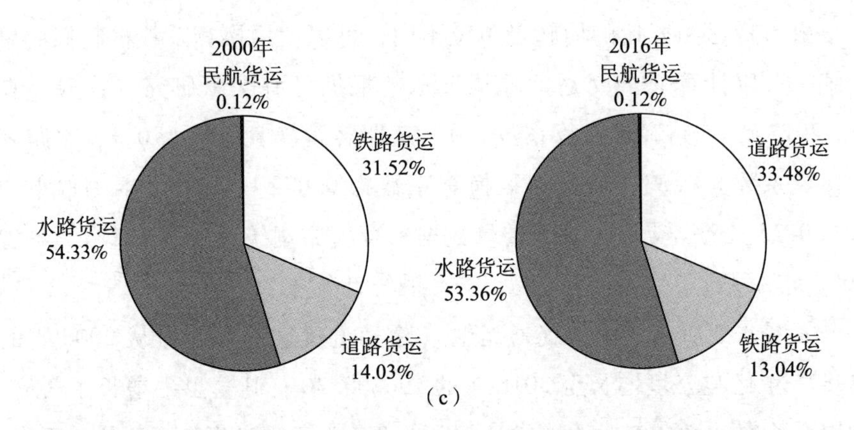

图 3.2 2000—2016 年中国交通运输（除管道运输）周转量结构

吨公里，年均增长率为 6.37%；货运周转量从 43684.5 亿吨公里增长了 3.17 倍，至 181958.48 亿吨公里，年均增长率为 9.33%。

在客运周转量中，占比最高的是铁路运输方式，平均占比高达 84.84%，且 2000—2016 年呈逐渐上升的趋势，在 2016 年升高至 88.33%；其次是道路运输，平均占比 12.30%，但从 2013 年开始却快速下降，从 2012 年的 15.32% 下降至 7.18%，减少了一半多；航空运输的周转量比例一直在升高，从 2000 年的 1.35% 增长至 2016 年的 4.32%，且有继续升高的趋势；水路运输的比例最低且一直在下降，从 2000 年的 0.63% 下降至 2016 年的 0.17%。

货运周转量却呈现完全不同的结构。水运的比例最高，2000—2016 年平均占比为 53.90%，虽然其间有从 46.39% 到 64.57% 的较大波动，但它一直占据着中国货运的主导地位；铁路运输和道路运输在 17 年间平均占比相似，分别为 22.93% 和 23.08%，但地位却完全发生了转移，铁路占比从 2000 年的 31.52% 下降至 2016 年的 13.04%，而道路占比相反，从 2000 年的 14.03% 提高至 2016 年的 33.48%；航空占比一直较低，稳定在 0.11% 左右。

至于周转量整体，占比最高的一直是水路货运、道路货运、铁路货运和铁路客运，根据 ETP 倡导的“Avoid”碳减排技术指导，减少这四个部门的周转量对中国交通运输能源消费碳减排的贡献一定最大。此外，这17年的交通运输结构变化十分巨大，在后文也需要仔细分析，找出原因和可能带来的影响。

（二）中国各省（区、市）交通运输周转量特征

在中国这片广袤土地上的各地区分布在天南地北，它们的地理区位、资源条件、经济发展和社会文化方面都大相径庭，因此区域发展不均衡是中国最大的特点。如表3.7所示，本书考察的30个省（区、市）2005—2016年交通运输周转量也极不均衡，呈现出明显的地域差异。

表3.7　2005—2016年部分年份中国30个省（区、市）交通运输周转量

单位：亿吨公里

省（区、市）	2005年	2009年	2013年	2016年	变化趋势
北京	596.20	619.28	903.96	953.05	单调递增
天津	12554.35	10242.99	5594.10	2324.49	单调递减
河北	5303.62	6691.11	12927.73	13357.35	单调递增
山西	1486.30	2262.87	3801.86	3798.89	先增后减
内蒙古	1737.70	4146.05	4729.17	4690.92	先增后减
辽宁	3811.16	8321.93	12708.48	12892.61	单调递增
吉林	869.42	1503.66	2075.28	1910.12	先增后减
黑龙江	1384.92	1919.53	2240.26	2044.23	先增后减
上海	12229.22	14561.33	18039.58	19610.60	单调递增
江苏	3411.19	5575.85	11135.67	9052.19	先增后减
浙江	3704.18	6038.91	9446.58	10441.24	单调递增
安徽	1917.32	6824.60	11786.87	11629.22	先增后减
福建	1701.25	2627.40	4204.79	6468.51	单调递增
江西	1281.63	2889.16	4564.70	4613.94	单调递增
山东	5921.44	11458.64	10947.78	9531.15	先增后减
河南	2863.83	6917.09	11356.75	8362.27	先增后减
湖北	2120.29	3336.98	5737.71	7115.43	单调递增
湖南	2244.73	3195.74	5138.52	5008.40	先增后减
广东	4403.23	5571.07	13038.05	23081.09	单调递增
广西	1385.38	2595.46	4092.25	4651.39	单调递增
海南	481.18	836.26	1474.33	1173.36	先增后减

续表

省（区、市）	2005 年	2009 年	2013 年	2016 年	变化趋势
重庆	693.33	1776.75	2482.81	3182.60	单调递增
四川	1087.04	1820.74	2895.18	2824.77	先增后减
贵州	809.35	1087.56	1542.61	1754.22	单调递增
云南	725.33	943.75	1466.90	1724.18	单调递增
陕西	1421.51	2601.99	3954.39	3949.03	先增后减
甘肃	1039.05	1747.05	2785.39	2557.15	先增后减
青海	177.69	417.43	520.25	569.96	单调递增
宁夏	294.32	801.96	965.31	928.55	先增后减
新疆	1189.55	2012.62	2801.74	2952.84	单调递增

总体来说，2005—2016 年，中国交通运输周转量呈现东高西低的分布规律，与经济发展水平相似；各地区的周转量大体都在逐年增长，但这个趋势没有保持下去，到 2016 年许多地区的周转量出现了下降。2005 年，只有上海和天津周转量超过了 1 万亿吨公里；2009 年，山东加入超万亿吨公里的高周转量行列；2013 年，新增了辽宁、河北、河南、安徽、江苏和广东，但天津周转量降低至 5594.10 亿吨公里，掉出高周转量队伍；至 2016 年，部分省份的周转量有所下降，高周转量行列里只有河北、辽宁、上海、浙江、安徽和广东了，它们的数值差距很大，其中广东和上海周转量远超其他省份，分别高达 23081.09 亿吨公里和 19610.60 亿吨公里。

总结 2005—2016 年中国 30 个省（区、市）交通运输周转量变化情况，12 年里，交通运输周转量单调递增的有北京、河北、辽宁、上海、浙江、福建、江西、湖北、广东、广西、重庆、贵州、云南、青海和新疆，共计 15 个省（区、市）；先增后减的有山西、内蒙古、吉林、黑龙江、江苏、安徽、山东、河南、湖南、海南、四川、陕西、甘肃和宁夏，共计 14 个省（区、市）；单调递减的只有天津。

三　中国交通运输能源消费特征

（一）中国交通运输能源消费整体特征

由第二章内容可知，在倡导节约能源、提高能效的今天，全球交通运输部门的能源消费量不论是比例还是绝对值仍在快速增长，在终端能源消费环节，可能即将超过工业的能源消费总量。中国的情况也类似，从图3.3可见，中国交通运输能源消费总量从2000年的1.40亿吨标准煤增长至2016年的4.60亿吨标准煤，增长了2.29倍，自2013年开始增速放缓，年均增速为7.72%。石油燃料仍是交通运输领域的主要燃料，包括汽油、煤油、柴油、燃料油和液化石油气，17年来其用量相对稳定，占能源消费总量的比例从2000年的93.25%略微回落到2016年的89.81%，但绝对值从1.30亿吨标准煤增长至4.13亿吨标准煤；原煤的消费量和占能源消费总量的比例都下降很快，从2000年的0.061亿吨标准煤下降至2016年的0.027亿吨标准煤，占能源消费总量的比例也从4.40%下降至0.59%；令人欣喜的是以电力、天然气和液化天然气为代表的效率较高的新能源消费量和占能源消费总量的比例都增长迅速，从2000年的0.033亿吨标准煤增长至2016年的0.441亿吨标准煤，增长了12.36倍，占能源消费总量的比例也从2.36%升至9.62%。虽然新能源的占比依然较小，但在未来更加严格的政策和新技术的推动下，有望在更多交通工具里替代更多化石能源。

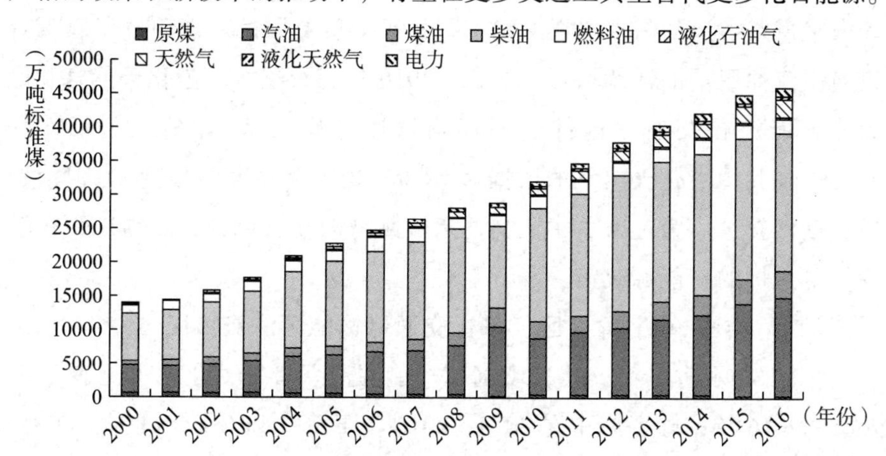

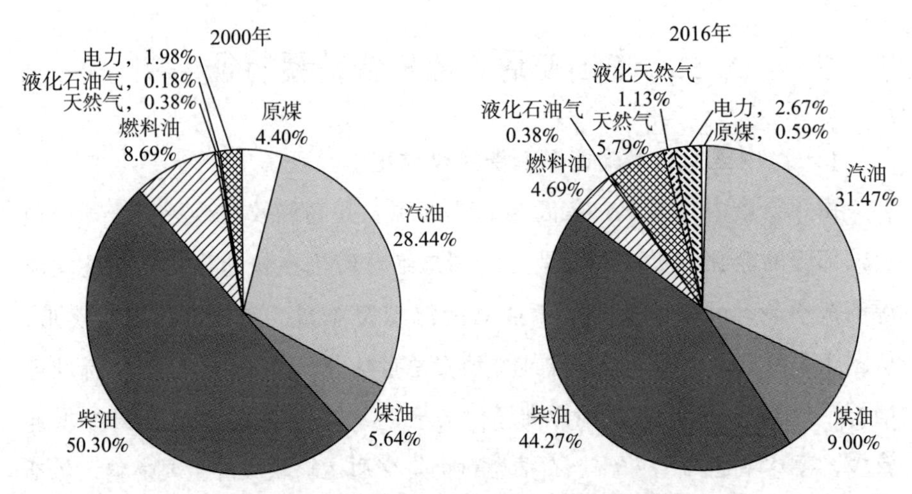

图 3.3 2000—2016 年中国交通运输能源消费结构

在所有能源中，柴油的消费量最大，柴油的密度高于汽油，消耗率又低，被广泛用于大型车辆、船舰和铁路内燃机车等，因此大部分货物运输交通工具使用的都是柴油。2000—2016 年，虽然柴油的用量还在以年均 6.88% 的速度增长，但其占所有能源消费的比例略微下降，未来应继续寻找替代柴油的清洁能源，这对交通运输的碳减排贡献一定会很大。汽油的用量次之，汽油主要被用于汽车、摩托车、快艇和农用飞机上，随着生产生活需求的日益增长，汽油用量以年均 8.42% 的速度增加着，且在国家大力推广电力汽车和公共出行方式的当下，其占所有交通运输能源消费量的比例依然从 28.44% 向 31.47% 增长。可以预见，若未来道路客运的需求仍继续增加，推行力度有限的新能源汽车政策难以遏制汽油用量的持续增加。2000—2016 年，天然气、液化天然气和电力等新能源在交通运输部门的年均增速分别为 27.72%、15.25% 和 9.78%（其中液化天然气的数据为 2010—2016 年的年均增速），但消费总量依然较少。为了减少中国交通运输领域的化石能源，必须采用相较现在更积极的新能源政策。

（二）中国 30 个省（区、市）交通运输能源消费特征

中国 30 个省（区、市）交通运输能源消费量及变化率可见表 3.8。2005—2016 年，除了广东在 2013—2016 年下降 2.20%、山东在 2009—

2013 年下降 4.73%、江西在 2005—2009 年下降 1.51% 以外，其他 27 个省（区、市）的交通能源消费量都在不同水平上逐年增长。在这三个省份中，江西在 2005—2009 年的暂时下降是农业交通能源消费下降速度过快导致的，而山东和广东情况相似，是发达地区经历交通运输需求高速发展后增速逐渐放缓导致的。山东和广东在各个时间段能源消费量都是最高的地区，也是中国 GDP 最高的两个地区。广东 2016 年交通运输能源消费量为 3970.39 万吨标准煤，山东为 2962.59 万吨标准煤，12 年间，它们的累计增幅分别只有 46.71% 和 27.73%，说明它们的交通运输需求已进入增速相对较缓的成熟时期；它们的新增加量分别为 1264.07 万吨标准煤和 643.12 万吨标准煤，广东的新增加量高居全国第三。必须高度关注这两个地区的交通运输能源消费结构，并大力推广低碳、清洁的运输技术和政策。作为经济高度发达和运输需求相对稳定的地区，它们的交通运输能源结构优化经验，必定能为其他地区提供有益借鉴，也能为全国碳减排做出贡献。

2016 年，除了能源消费量超过 2800 万吨标准煤的广东和山东，消费量在 2000 万吨标准煤以上的还有四川、江苏、上海、辽宁、浙江和湖北 6 个地区，除了四川和湖北外，高消费量的地区均属东部沿海地区。它们 2016 年交通运输能源消费量分别为 2727.72 万吨标准煤、2624.06 万吨标准煤、2555.69 万吨标准煤、2520.80 万吨标准煤、2408.70 万吨标准煤和 2076.32 万吨标准煤，2005—2016 年累计增长率分别为 251.13%、106.19%、52.98%、89.44%、73.20% 和 76.36%，均高于广东和山东的增速。这些地区也是全国最发达的地区，未来也需要重点关注它们的能源结构调整的技术和政策。

表 3.8　2005—2016 年中国 30 个省（区、市）交通运输能源消费量及变化率

单位：万吨标准煤，%

省（区、市）	能源消费量				能源消费变化率		
	2005 年	2009 年	2013 年	2016 年	2005—2009 年	2009—2013 年	2013—2016 年
北京	738.48	1295.43	1523.62	1762.45	75.42	17.62	15.68

续表

省（区、市）	能源消费量				能源消费变化率		
	2005 年	2009 年	2013 年	2016 年	2005—2009 年	2009—2013 年	2013—2016 年
天津	491.68	664.73	753.93	754.11	35.20	13.42	0.02
河北	883.23	956.63	1565.40	1856.57	8.31	63.64	18.60
山西	486.87	1038.01	1116.28	1219.32	113.20	7.54	9.23
内蒙古	795.45	1420.90	1448.26	1508.33	78.63	1.93	4.15
辽宁	1330.64	1854.81	2443.16	2520.80	39.39	31.72	3.18
吉林	518.32	685.49	826.96	830.11	32.25	20.64	0.38
黑龙江	1027.71	1102.71	1320.03	1342.95	7.30	19.71	1.74
上海	1670.55	2328.22	2554.48	2555.69	39.37	9.72	0.05
江苏	1272.62	1771.35	2529.65	2624.06	39.19	42.81	3.73
浙江	1390.72	1815.47	2268.14	2408.70	30.54	24.93	6.20
安徽	416.64	633.91	1271.28	1283.25	52.15	100.55	0.94
福建	677.23	1002.69	1363.89	1366.47	48.06	36.02	0.19
江西	496.78	489.28	937.86	938.28	-1.51	91.68	0.04
山东	2319.47	3070.18	2925.06	2962.59	32.37	-4.73	1.28
河南	764.00	1015.54	1799.27	1913.60	32.92	77.17	6.35
湖北	1177.29	1801.88	2041.14	2076.32	53.05	13.28	1.72
湖南	777.43	992.73	1523.44	1530.44	27.69	53.46	0.46
广东	2706.32	3468.59	4059.67	3970.39	28.17	17.04	-2.20
广西	600.31	850.77	912.95	920.40	41.72	7.31	0.82
海南	190.30	318.21	411.44	415.31	67.21	29.30	0.94
重庆	375.62	577.34	1017.83	1214.71	53.70	76.30	19.34
四川	776.83	1423.51	1786.56	2727.72	83.25	25.50	52.68
贵州	253.66	462.69	742.19	967.25	82.41	60.41	30.32
云南	609.51	875.67	1200.60	1414.51	43.67	37.11	17.82
陕西	581.64	1068.88	1071.33	1164.40	83.77	0.23	8.69
甘肃	320.07	379.73	687.87	719.99	18.64	81.15	4.67
青海	55.34	137.44	188.58	263.38	148.36	37.21	39.66
宁夏	130.80	171.69	211.60	253.18	31.26	23.25	19.65
新疆	572.92	651.10	1052.75	1353.36	13.65	61.69	28.55

江西、山东和广东在部分时间段内出现过小幅度的下降。总增长幅度最大的是青海、贵州、四川、重庆和安徽，2005—2016 年它们的交通运输能源消费总量分别累计增长了 375.93%、281.32%、251.13%、223.39%和 208.00%，均高于 200%，分别增长至 263.38 万吨标准煤、967.25 万吨标准煤、2727.72 万吨标准煤、1214.71 万吨标准煤和1283.25 万吨标准煤。可以看到，虽然它们的增幅很大，但除四川外消费量数值不高，主要是由于它们的历史能源消费量非常低，所以容易出现较大的增长波动。12 年间四川的新增加能源消费量为 1950.89 万吨标准煤，居首位。引导交通运输能源消费量增幅最大的地区改善能源结构、推广清洁能源和高效的交通工具十分有必要，如果让它们在交通运输蓬勃发展阶段就接受最新的技术和最优的政策，便可以在全国能源消费转型期节约大量资产和精力，提前实现能源结构向可持续发展方向的转型。

四　中国交通运输碳排放特征

（一）中国交通运输碳排放整体特征

中国交通运输碳排放结构及变化情况如图 3.4 和图 3.5 所示。2000—2016 年，中国交通运输碳排放从 8582.58 万吨碳当量逐步增长至 27641.66 万吨碳当量，增长了 2.22 倍，年均增长率为 7.58%，略低于同时期交通运输能源消费年均增长速度（7.72%），大大低于同时期交通运输周转量年均增速（9.06%）。2014 年增速最快，达 17.95%，2016 年增速最慢，低至 2.77%。

从能源结构角度看，柴油、汽油、燃料油和煤油是排放量最多的四种能源，也都是石油燃料，其中柴油碳排放在所有交通运输碳排放中平均占比 50.62%，但自 2013 年后缓慢下降至 2016 年的 43.95%。汽油、燃料油和煤油碳排放分别平均占比 24.92%、6.95%和 6.55%，汽油和煤油增长速度并没有下降的迹象，反而逐年升高，燃料油的比例自 2009 年后便逐步从 6.94%下降至 4.96%，并在 2010 年开始碳排放量低于煤油，掉出前三强。

汽油和煤油分别主要对应汽车和民航飞机，且均以客运为主，这两种能源碳排放的蓬勃增长说明这两种交通工具在未来的强劲发展趋势，与人民日益增长的高级出行需求吻合；柴油主要对应各种道路、铁路和水路的货物运输，依然是最主要的能源消费和碳排放来源，柴油碳减排压力与挑战并存。为各种石油燃料寻找清洁的替代能源，是中国发展低碳交通的最大任务。

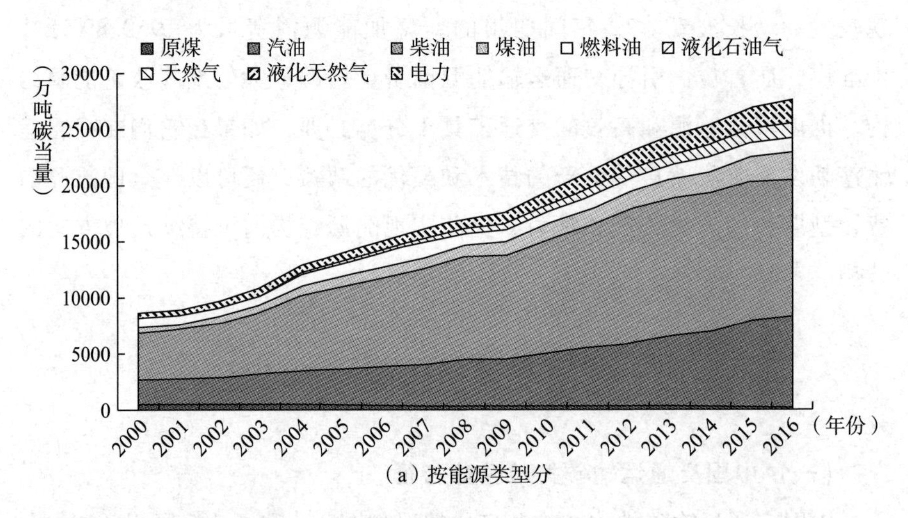

（a）按能源类型分

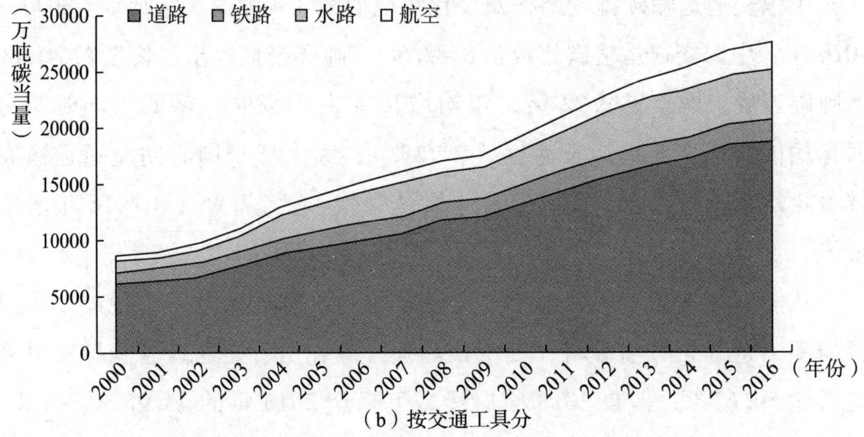

（b）按交通工具分

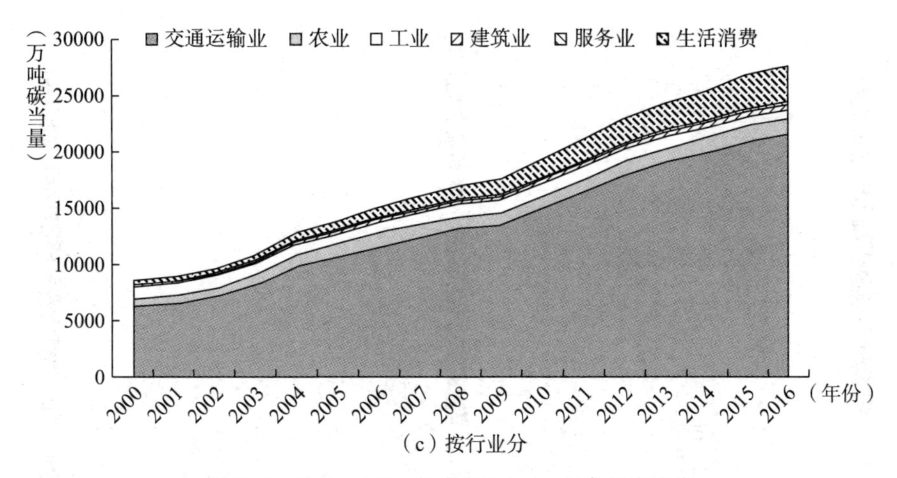

（c）按行业分

图 3.4　2000—2016 年中国交通运输碳排放结构

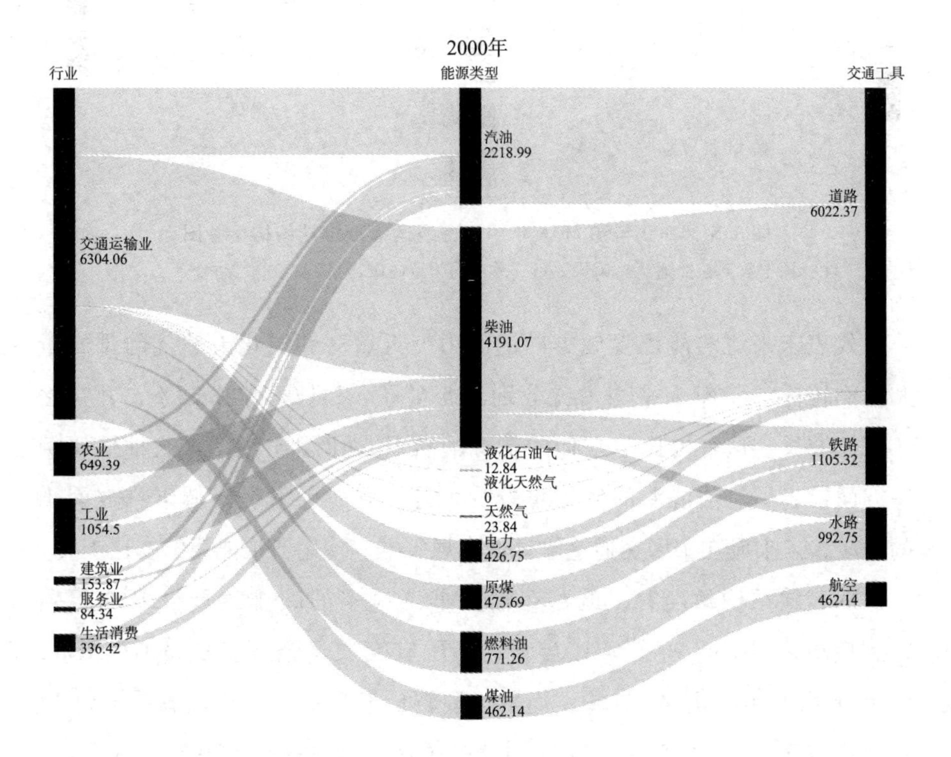

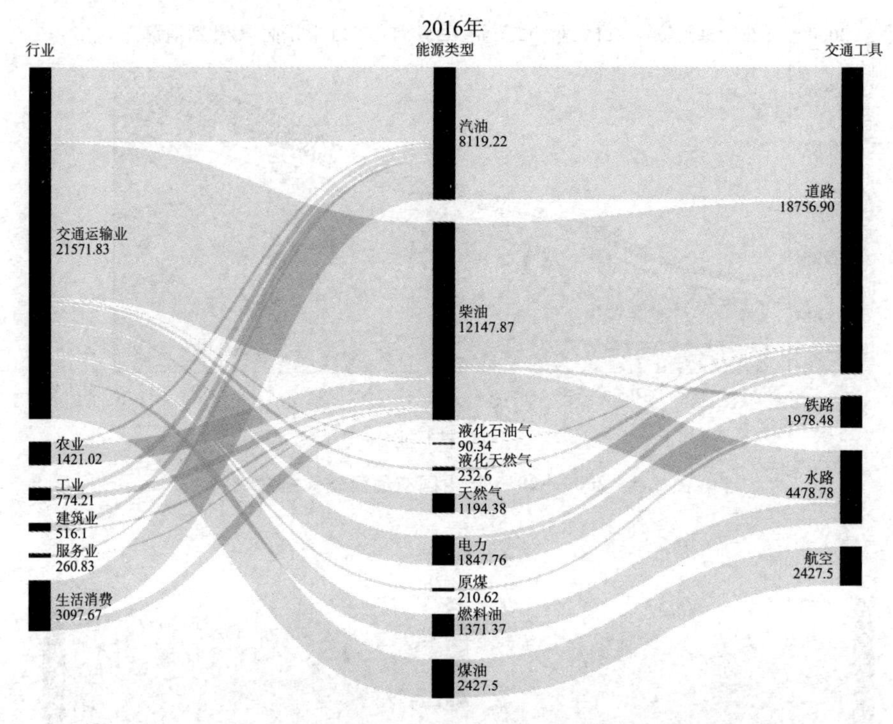

图 3.5　2000 年和 2016 年中国交通运输碳排放结构桑基图

注：图中数据指交通运输碳排放量，单位均为万吨碳当量。

代表未来清洁能源发展方向的电力、天然气和液化天然气的排放量和比例较低，17 年来平均占比分别为 5.62%、2.17% 和 0.27%，并在逐年平稳增长。这一占比与它们的能源消费量占比相比更低，这种低比例一方面代表了清洁能源的使用量较少，另一方面也表现出低碳排放因子的性质，未来应在中国交通运输领域大规模推广使用清洁能源的交通工具。

从运输结构角度看，道路运输贡献了最多的碳排放量，2016 年碳排放量高达 18756.90 万吨碳当量，占所有交通运输碳排放的 67.86%，17 年平均占比高达 68.21%；而货运周转量最高的水路运输碳排放量 17 年平均占比只有 15.57%，约是道路运输碳排放的 1/4。2000—2016 年，铁路运输周转量和碳排放量都名列第三；航空运输碳排放最少，不过增速却最快，年均增速高达 10.92%，是所有交通运输方式中增长最快的。显然，水运的单位周转量碳排放强度最低，未来中国应大力挖掘水路运输的潜力；道路运输的能耗水平最高，必须予以警惕。道路运输的能源结构调整是未来碳减排工作的重中之重。

从行业结构角度看，交通运输业碳排放无疑是占比最大的，平均占所有交通运输碳排放的76.57%，并保持了占比稳定升高的趋势。过去17年，日益增长的生活消费领域贡献的交通运输碳排放逐渐取代了工业（在2007年超过）和农业（在2008年超过）的地位，成为第二大排放部门，年平均占比高达7.34%，2016年占比11.21%。生活消费领域的主要交通工具是使用汽油的私人汽车，结合汽油碳排放的数据，应大力推广电力汽车等使用清洁能源的私人汽车，并加快建设完善的公共交通体系，减少私人出行的碳排放。工业的碳排放数量和比例都逐年下降，碳排放量从1054.50万吨碳当量下降至774.21万吨碳当量，占所有交通运输碳排放的比例从12.29%下降至2.80%。农业碳排放从649.39万吨碳当量增长至1421.02万吨碳当量，但其占所有交通运输碳排放的比例从7.57%下降至5.14%。建筑业和服务业的碳排放比例相对稳定，平均占比分别为1.75%和0.96%。除了交通运输业本身的碳排放外，最值得重点关注的是居民生活消费领域，而居民私人出行需求日益增长是必然的，将这部分出行需求转化为公共交通需求，是各地政府未来要在基础设施建设和管理方面努力的方向。

（二）中国30个省（区、市）交通运输碳排放特征

表3.9展示了2005—2016年中国30个省（区、市）交通运输碳排放量及变化率。由表3.9可知，全国各地交通运输碳排放量总体逐渐增加，并大体呈现出东高西低的特征。

表3.9　2005—2016年中国30个省（区、市）交通运输碳排放量及变化率

单位：万吨碳当量，%

省（区、市）	交通运输碳排放量				交通运输碳排放变化率		
	2005年	2009年	2013年	2016年	2005—2009年	2009—2013年	2013—2016年
北京	439.37	788.97	914.80	1050.43	79.57	15.95	14.83

续表

省（区、市）	交通运输碳排放量				交通运输碳排放变化率		
	2005 年	2009 年	2013 年	2016 年	2005—2009 年	2009—2013 年	2013—2016 年
天津	298.35	404.24	459.58	458.42	35.49	13.69	-0.25
河北	552.19	601.52	974.00	1140.28	8.93	61.92	17.07
山西	318.16	646.66	689.85	748.07	103.25	6.68	8.44
内蒙古	486.22	867.01	927.47	953.12	78.32	6.97	2.77
辽宁	814.68	1126.68	1452.10	1519.66	38.30	28.88	4.65
吉林	327.97	418.91	526.38	526.81	27.73	25.65	0.08
黑龙江	621.11	666.50	830.31	839.80	7.31	24.58	1.14
上海	1024.63	1423.20	1554.30	1552.47	38.90	9.21	-0.12
江苏	760.06	1054.50	1500.92	1540.29	38.74	42.33	2.62
浙江	824.71	1080.78	1356.45	1448.09	31.05	25.51	6.76
安徽	249.75	384.23	755.53	759.69	53.85	96.63	0.55
福建	406.98	603.89	811.79	811.86	48.38	34.43	0.01
江西	297.31	297.20	565.06	564.07	-0.04	90.13	-0.18
山东	1396.79	1848.63	1770.68	1783.70	32.35	-4.22	0.74
河南	471.90	628.82	1107.05	1153.81	33.25	76.05	4.22
湖北	709.81	1081.21	1217.44	1231.62	52.32	12.60	1.16
湖南	469.54	603.85	930.85	932.01	28.60	54.15	0.12
广东	1600.02	2054.65	2419.83	2370.98	28.41	17.77	-2.02
广西	358.94	509.96	545.98	548.42	42.07	7.06	0.45
海南	113.20	188.40	246.14	245.83	66.43	30.65	-0.13
重庆	229.05	347.12	602.06	715.87	51.55	73.44	18.90
四川	467.13	848.12	1054.57	1579.77	81.56	24.34	49.80
贵州	162.46	288.16	459.51	580.53	77.37	59.46	26.34
云南	372.43	527.13	719.25	847.63	41.54	36.45	17.85
陕西	357.42	652.45	662.66	697.20	82.54	1.56	5.21
甘肃	203.77	250.97	434.75	448.18	23.16	73.23	3.09
青海	33.73	82.82	113.65	156.03	145.54	37.23	37.29
宁夏	81.55	103.83	126.86	147.89	27.32	22.18	16.58
新疆	341.87	388.00	624.82	797.32	13.49	61.04	27.61

广东是全国经济最发达的地区，其交通运输碳排放也是研究期内最高的，从 2005 年的 1600.02 万吨碳当量增长至 2016 年的 2370.98 万吨碳当量，并在 2015 年出现了暂时的峰值 2626.79 万吨碳当量，17 年间只增长了 48.18%。山东是经济第二发达的省级行政区，它的交通运输碳排放虽然一直都位列第二，但与广东差距很大，2016 年排放量为 1783.70 万吨碳当量，峰值出现在 2012 年，为 2468.28 万吨碳当量，在这之后便逐渐下降，稳定在 1800 万吨碳当量左右的水平，17 年共增长 27.70%。除了两个经济大省，2016 年交通运输碳排放超过 1500 万吨碳当量的还有四川、上海、江苏和辽宁，它们的碳排放量分别为 1579.77 万吨碳当量、1552.47 万吨碳当量、1540.29 万吨碳当量和 1519.66 万吨碳当量，研究期内分别增长了 238.19%、51.52%、102.65% 和 86.53%。在高排放地区中，作为唯一的非东部沿海省份四川，在前文的能源消费量分析部分也表现出增速较快的特点，需要予以重点关注。

虽然 17 年内 30 个省（区、市）的交通运输碳排放在不同程度上都有增长，但并不是所有时间段都在增长：2005—2009 年，江西下降了 0.04%；2009—2013 年，山东下降了 4.22%；2013—2016 年，5 个地区出现了下降，分别是广东 2.02%、天津 0.25%、江西 0.18%、海南 0.13% 和上海 0.12%。它们的降幅暂时都很小，但显示出了交通运输碳排放增速放缓的趋势。

五　中国交通运输碳排放效率特征

（一）中国交通运输碳排放整体效率

学者们常用碳排放因子（f）和碳排放强度（I）来描述能源消费碳排放的效率，它们的计算公式分别是 C/E（碳排放量/能源消费量）和 C/GDP（碳排放量/GDP）。在交通运输领域，周转量（T）也是衡量交通运输碳排放量的一个重要指标，因此，在分析交通运输碳排放效率时，也要将其考虑进去。基于此，为了更好地了解中国交通运输碳排放整体效率，本书选取 6 个指标，详见表 3.10。

表 3.10 交通运输碳排放效率指标及其含义

指标	含义
C/E	单位能源消费量产生的碳排放，即碳排放因子或碳排放系数，常用字母 *f* 表示
C/GDP	单位 GDP 产生的碳排放，即碳排放强度，常用字母 *I* 表示
C/T	单位周转量产生的碳排放，即周转强度
E/T	单位周转量消费的能源量
E/GDP	单位 GDP 消费的能源量，即能源消费强度，常用字母 *EI* 表示
T/GDP	单位 GDP 使用的周转量，即运输强度，常用字母 *TI* 表示

注：用于计算的 *C*、*E*、*T* 和 *GDP* 的单位分别是万吨碳当量、万吨标准煤、亿吨公里和亿元（可比价）。

图 3.6 展示了各指标的计算结果，6 个效率指标大体都在波动中下降，说明 2000—2016 年中国交通运输碳排放效率总体都在不断优化。其中，变化率最大的是 *C/GDP*、*E/GDP* 和 *T/GDP*，研究期内分别下降了 55.66%、51.36% 和 44.86%，这三个指标都是以 *GDP* 为分母的，说明中国可比价 *GDP* 的增速大大高于 *C*、*E* 和 *T* 的增速，而事实上，它们的年均增速分别是 13.31%（*GDP*）、7.65%（*C*）、8.31%（*E*）和 9.28%（*T*）。从 2010 年开始，中国 GDP 增速已经开始放缓，未来若要继续保持这三个强度指标的下降趋势，根本解决方案还是让它们本

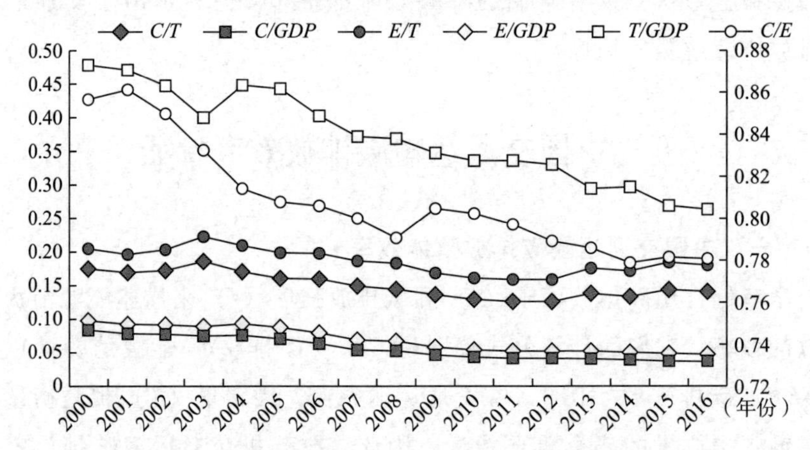

图 3.6 2000—2016 年中国交通运输碳排放整体效率

注：右轴为 *C/E*，左轴为其余指标。

身的增速放缓。*C/E*、*E/T*、*C/T* 这三个指标的下降较为缓慢，研究期内分别下降了 8.85%、11.78% 和 19.59%，它们的下降过程不是一帆风顺的，在 2009 年和 2013 年出现了一些小的波动，说明这三个效率指标的下降难度较大，需要在低碳减排的技术和政策下采取更加激进的措施才能让它们实现大幅度稳定下降。

（二）中国 30 个省（区、市）交通运输碳排放效率

由上文分析可知，6 个用来描述交通运输碳排放效率的指标中，在经济高速发展的中国，*C/E*、*E/T*、*C/T* 这三个效率指标更难下降，也更为关键。表 3.11 展示了 2005—2016 年这三个指标在 30 个省（区、市）中的情况。由表可知，各省（区、市）的交通运输碳排放效率分布不均，但总体上呈现出逐年下降的趋势。

2016 年，内蒙古和吉林的碳排放系数 *f*，即 *C/E* 指标，大于 0.630，分别为 0.635 和 0.632。这两个地区在 2013 年也是碳排放系数最高的地区，2013 年的值分别为 0.640 和 0.637，事实上，2016 年的数据已经较 2013 年有所下降。2016 年，碳排放系数最低的地区是四川，*f* 值为 0.579，且从 2005 年的 0.601 开始一直保持下降趋势，到 2016 年成为 *f* 值最低的地区。在所有地区中，研究期内下降最多的地区是宁夏、贵州和山西，它们的碳排放系数下降率分别为 6.304%、6.292% 和 6.115%；碳排放系数升高的地区多达 9 个，分别是内蒙古（3.878%）、黑龙江（3.470%）、浙江（1.379%）、广东（1.006%）、湖南（0.830%）、江西（0.451%）、吉林（0.295%）、天津（0.181%）和北京（0.176%）。

表 3.11　2005—2016 年部分年份中国 30 个省（区、市）交通运输碳排放效率

省（区、市）	*C/E*				*C/T*				*E/T*			
	2005 年	2009 年	2013 年	2016 年	2005 年	2009 年	2013 年	2016 年	2005 年	2009 年	2013 年	2016 年
北京	0.595	0.609	0.600	0.596	0.737	1.274	1.012	1.102	1.239	2.092	1.685	1.849
天津	0.607	0.608	0.610	0.608	0.024	0.039	0.082	0.197	0.039	0.065	0.135	0.324
河北	0.625	0.629	0.622	0.614	0.104	0.090	0.075	0.085	0.167	0.143	0.121	0.139

续表

省（区、市）	*C/E*				*C/T*				*E/T*			
	2005年	2009年	2013年	2016年	2005年	2009年	2013年	2016年	2005年	2009年	2013年	2016年
山西	0.653	0.623	0.618	0.614	0.214	0.286	0.181	0.197	0.328	0.459	0.294	0.321
内蒙古	0.611	0.610	0.640	0.632	0.280	0.209	0.196	0.203	0.458	0.343	0.306	0.322
辽宁	0.612	0.607	0.594	0.603	0.214	0.135	0.114	0.118	0.349	0.223	0.192	0.196
吉林	0.633	0.611	0.637	0.635	0.377	0.279	0.254	0.276	0.596	0.456	0.398	0.435
黑龙江	0.604	0.604	0.629	0.625	0.448	0.347	0.371	0.411	0.742	0.574	0.589	0.657
上海	0.613	0.611	0.608	0.607	0.084	0.098	0.086	0.079	0.137	0.160	0.142	0.130
江苏	0.597	0.595	0.593	0.587	0.223	0.189	0.135	0.170	0.373	0.318	0.227	0.290
浙江	0.593	0.595	0.598	0.601	0.223	0.179	0.144	0.139	0.375	0.301	0.240	0.231
安徽	0.599	0.606	0.594	0.592	0.130	0.056	0.064	0.065	0.217	0.093	0.108	0.110
福建	0.601	0.602	0.595	0.594	0.239	0.230	0.193	0.126	0.398	0.382	0.324	0.211
江西	0.598	0.607	0.602	0.601	0.232	0.103	0.124	0.122	0.388	0.169	0.205	0.203
山东	0.602	0.602	0.605	0.602	0.236	0.161	0.162	0.187	0.392	0.268	0.267	0.311
河南	0.618	0.619	0.615	0.603	0.165	0.091	0.097	0.138	0.267	0.147	0.158	0.229
湖北	0.603	0.600	0.596	0.593	0.335	0.324	0.212	0.173	0.555	0.540	0.356	0.292
湖南	0.604	0.608	0.611	0.609	0.209	0.189	0.181	0.186	0.346	0.311	0.296	0.306
广东	0.591	0.592	0.596	0.597	0.363	0.369	0.186	0.103	0.615	0.623	0.311	0.172
广西	0.598	0.599	0.598	0.596	0.259	0.196	0.133	0.118	0.433	0.328	0.223	0.198
海南	0.595	0.592	0.598	0.592	0.235	0.225	0.167	0.210	0.395	0.381	0.279	0.354
重庆	0.610	0.601	0.592	0.589	0.330	0.195	0.242	0.225	0.542	0.325	0.410	0.382
四川	0.601	0.596	0.590	0.579	0.430	0.466	0.364	0.559	0.715	0.782	0.617	0.966
贵州	0.640	0.623	0.619	0.600	0.201	0.265	0.298	0.331	0.313	0.425	0.481	0.551
云南	0.611	0.602	0.599	0.599	0.513	0.559	0.490	0.492	0.840	0.928	0.818	0.820
陕西	0.615	0.610	0.619	0.599	0.251	0.251	0.168	0.177	0.409	0.411	0.271	0.295
甘肃	0.637	0.661	0.632	0.622	0.196	0.144	0.156	0.175	0.308	0.217	0.247	0.282
青海	0.610	0.603	0.603	0.592	0.190	0.198	0.218	0.274	0.311	0.329	0.362	0.462
宁夏	0.623	0.605	0.600	0.584	0.277	0.129	0.131	0.159	0.444	0.214	0.219	0.273
新疆	0.597	0.596	0.594	0.589	0.287	0.193	0.223	0.270	0.482	0.324	0.376	0.458

另外两个指标的变动率则比 f 值大得多，变化规律也更有相似性。2016 年，C/T 和 E/T 指标最大的地区都是北京（1.102 和 1.849）、四

川（0.559 和 0.966）和云南（0.492 和 0.820），其中，北京的数据远大于其他两个地区，这说明北京单位周转量消耗的能源以及产生的碳排放最多，且远高于全国水平，应大力优化北京的交通运输能源结构，发展公共交通，使用最严格的能源政策限制它的效率指标继续恶化。类似的，2016 年两个指标最小的地区都是安徽（0.065 和 0.110）、上海（0.079 和 0.130）和河北（0.085 和 0.139），且数值相差不大，说明这几个地区的单位周转量能源消费效率最高，其他地区应学习它们的经验。

在 30 个省（区、市）中，有 5 个在研究期内 *C/T* 和 *E/T* 不降反增，分别是天津（增长了 729.874% 和 728.372%）、贵州（增长了 64.860% 和 75.929%）、北京（增长了 49.561% 和 49.298%）、青海（增长了 44.198% 和 48.381%）和四川（增长了 30.142% 和 35.125%），说明它们在研究期内在改善交通运输能源结构方面并没有进步。其中天津的情况最为恶劣。虽然四川的碳排放系数是所有地区中最低的，但是这可能是一种未经管理和规划的自发行为，例如四川由于地形复杂，多山地，能源运输成本较高，所以在交通工具中使用了更多的天然气和电力。其他效率指标不增反降的地区必须使用科学的技术和管理手段，提高本地的交通运输能源效率。

六　本章小结

本章首先梳理了中国交通运输碳排放核算方法，得到了全面核算的结果，之后对中国交通运输周转量、能源消费、碳排放和碳排放效率特征进行了初步分析，得到以下主要结论。

第一，为了得到更贴近中国交通运输碳排放真实情况的核算结果，应结合中国数据统计口径的特点，全面考虑交通运输业、农业、工业、建筑业、服务业和居民生活消费的交通运输能源消费量，并使用本地化的碳排放因子进行核算。

第二，研究期内，中国交通运输周转量、能源消费量和碳排放量都得到了持续的快速增长，能源效率均有不同程度的提高。周转量中占比最高的是水路货运、道路货运、铁路货运和铁路客运，但能源消费和碳排放中，占比最高的却是道路交通，说明道路交通的碳排放强度大，未来应将道路运输需求量转移至较为清洁的水路和铁路。

第三，研究期内，中国 30 个省（区、市）的交通运输周转量、能源消费量和碳排放量都得到了持续的快速增长，能源效率均有不同程度的提高，但区域差异比较明显，出现了先同步增长后两极分化的特点。

第　四　章

中国交通运输碳排放时间演变特征

前文已描述了中国交通运输碳排放数量和速度的时间演变，但这都是较为表面的，无法揭示它的演变特征或规律。短时间序列分析可反映交通运输碳排放演变的细节特点，长时间序列分析可揭示交通运输碳排放演变的整体变化趋势和规律，将二者结合，从局部和整体两个角度共同审视研究对象，可能可以获得更多信息。本章将通过短期和长期时间序列两个角度来对中国交通运输碳排放的演变特征和规律进行分析，使用脱钩弹性值来分析每年的波动特征，使用赫斯特指数来观察它的长期演变特征。

一　中国交通运输碳排放短期时间演变特征

（一）Tapio 脱钩弹性指数

1. 资源环境领域脱钩方法概述

自 2002 年 OECD 提出衡量环境压力与经济增长联动关系的脱钩理论（Ruffing, 2007）以来，脱钩分析在资源环境压力与经济发展关系研究领域的应用受到广泛关注（钟太洋等，2010）。2005 年 3 月，Tapio（2005）在 *Transport Policy* 发表的 *Towards a theory of decoupling: Degrees of decoupling in the EU and the case of road traffic in Finland between 1970 and 2001* 一文中改进了脱钩理论，将脱钩情形的判定细化为 8 种状态，明确了各种状态的判定标准。

国内自 2006 年以来，运用脱钩分析的相关研究成果不断涌现。2018 年 4 月 4 日在知网可以搜索到 245 篇以脱钩分析为主题的国内文献，2015 年以来每年都超过 40 篇。涉及脱钩分析的国内文献更已多达 805 篇，过去的 5 年里每年发表量都超过 100 篇，2016 年达 153 篇。

目前，脱钩模型已被广泛应用于碳排放与出口贸易（刘爱东等，2014）、能源消费与经济（Ayres et al.，2003）、工业废水排放与经济（李宁、孙涛，2016）、碳排放与工业（王君华、李霞，2015）、交通运输碳排放与经济（Zhao et al.，2016）、农业碳排放与经济（张小平、王龙飞，2014）、耕地占用与经济（宋伟等，2009）、循环经济（邓华、段宁，2004）以及生态经济发展评价（周跃志等，2007）等众多领域。可以看到，脱钩模型在资源环境和经济发展关系方面的应用十分普遍，基本涵盖了所有地区和行业。

脱钩模型在中国资源环境领域的运用也很多，例如庄贵阳（2007）运用 Tapio 脱钩标准对包括中国在内的世界 20 个温室气体排放大国在不同时期的脱钩特征进行了分析；彭佳雯等（2011）开展了中国经济增长与能源碳排放的脱钩研究；李忠民等（2011）分析了中国东部、中部、西部三大区域碳排放与经济增长之间的脱钩关系。还有学者测度了中国中部六省（齐绍洲等，2015）、京津冀（赵玉焕等，2017）、新疆（高志刚、刘晨跃，2015）、山东（王淑纳，2014）、浙江（郑启伟、何恒，2015）等地的碳排放与经济增长的脱钩关系。

2. Tapio 脱钩状态的翻译建议

Tapio 构建了一个模型用来计算脱钩弹性指数（Decoupling Elasticity Index），根据该指数和所研究的两类变量的变化率可以判断两类变量脱钩的状态。比如，当经济总量保持持续增长（$\Delta GDP > 0$）时，碳排放的 GDP 弹性越小，脱钩就越显著，即脱钩程度越高。在对欧盟 15 国由运输引起的二氧化碳排放、交通容量以及芬兰的道路交通和 GDP 关系的脱钩研究中，Tapio 将脱钩状态细分为 8 种类型，具体指标见表 4.1。

表 4.1　Tapio 8 种脱钩状态类型的英文术语名称和判别准则

脱钩弹性指数（ε）	ΔVOL	ΔGDP	脱钩状态	缩写
$\varepsilon < 0$	<0	>0	Strong Decoupling	SD
$0 \leq \varepsilon \leq 0.8$	>0	>0	Weak Decoupling	WD
$0.8 < \varepsilon \leq 1.2$	>0	>0	Expansive Coupling	EC
$\varepsilon > 1.2$	>0	>0	Expansive Negative Decoupling	END
$\varepsilon < 0$	>0	<0	Strong Negative Decoupling	SND
$0 \leq \varepsilon \leq 0.8$	<0	<0	Weak Negative Decoupling	WND
$0.8 < \varepsilon \leq 1.2$	<0	<0	Recessive Coupling	RC
$\varepsilon > 1.2$	<0	<0	Recessive Decoupling	RD

注：*VOL* 指温室气体排放。

资料来源：Zhao 等（2016）。

国内最早应用脱钩分析方法的文献是陈百明和杜红亮发表在《资源科学》2006 年第 5 期的《试论耕地占用与 GDP 增长的脱钩研究》一文，也是该文首次把台湾学者翻译的“脱钩”这一术语名称引入。此前学者一般将 decoupling 翻译成“解耦”或“退耦”。但是该文并没有展示脱钩分析的具体成果，只是介绍了耕地占用与 GDP 增长脱钩研究的框架和思路。

杜红亮和陈百明另一篇发表在《农业工程学报》2007 年第 4 期的文献《基于脱钩分析方法的建设占用耕地合理性研究》，运用脱钩分析方法分析了建设占用耕地的合理性，但没有涉及 8 种脱钩状态术语的汉译问题。

周跃志等发表在《生态经济》（中文版）2007 年第 9 期的《天山北坡经济带绿洲生态经济脱钩分析》一文也没有涉及对脱钩状态术语的翻译。

直到 2009 年，杨克等在《资源科学》上发表的《河北省耕地占用与 GDP 增长的脱钩分析》一文才首次出现 8 种脱钩状态术语的中文译名。

Strong Decoupling 译为强脱钩；

Weak Decoupling 译为弱脱钩；

Expansive Coupling 译为扩张连接；

Expansive Negative Decoupling 译为扩张负脱钩；

Strong Negative Decoupling 译为强负脱钩；

Weak Negative Decoupling 译为弱负脱钩；

Recessive Decoupling 译为衰退脱钩；

Recessive Coupling 译为衰退连接。

自此以来，已发表的相关中文文献基本上沿用了这套术语的中文译名，由于这套术语略难理解，有的学者在后面还补充加注了一些解释。但对 8 种脱钩状态的翻译依然很多，没有统一。

表 4.2 根据其中包含的 7 个单词列出了 8 种脱钩状态在现有文献中出现的翻译，并进行了含义辨析和评述。

综上，本书建议将 Tapio 的 8 种脱钩状态翻译如下，并总结为图 4.1。

表 4.2 Tapio 脱钩状态类型中包含的英文单词含义辨析和建议翻译

单词	在脱钩标准中的含义	常见翻译	评述
weak	弱的，不甚明显的	弱（的）	无异议
strong	强的，非常明显的	强（的）	无异议
decoupling	碳排放与经济发展不同步	脱钩	无异议
coupling	碳排放与经济发展同步消长	（1）联结（王万军等，2017）； （2）连接（齐绍洲等，2015）； （3）连结（李忠民等，2011）； （4）耦合（周银香，2016）	（1）联结有联络、联系、结合和结合在一起四个意思，均不能反映“增长速度同步”的意思； （2）连接常指具象事物，如螺钉、螺栓和铆钉等固件将两种分离材料或零件连接成复杂零件或部件的过程，与 coupling 含义不符； （3）连结是衔接、联合、结交的意思，不能准确反映 coupling 的含义； （4）“耦合”原指两个或两个以上的电路元件或电网络等的输入与输出之间存在紧密配合与相互影响，并通过相互作用从一侧向另一侧传输能量的现象，一定程度上可以反映 coupling 的含义，但不够直观

续表

单词	在脱钩标准中的含义	常见翻译	评述
coupling	碳排放与经济发展同步消长		综上，建议翻译为联动，一方面可以较好反映碳排放与经济增长速度的同步状态；另一方面翻译直观，方便理解
negative	负面的、不良的状态，不是健康的发展方向	负的	含义不明确，将 negative decoupling 译为负脱钩，容易理解为 decoupling 的反义词，即误会为 coupling。建议翻译为"不良"，则 negative decoupling 意为非良性的脱钩状态
expansive	经济增长的状态，与 recessive 相反	扩张	含义不明确，没有说清楚扩张的主体。Tapio 在原文中将其简单指示经济增长下的脱钩或联动状态，与经济衰退的情况相反。建议翻译为"增长"，意为经济增长时的情况
recessive	经济衰退的状态，与 expansive 相反	衰退	无异议

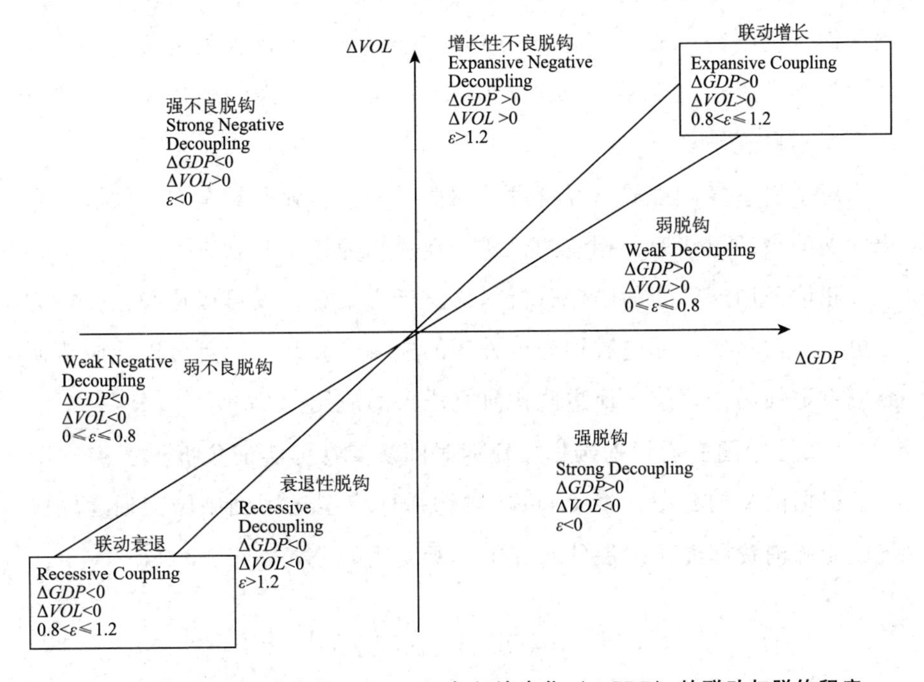

图 4.1　温室气体排放变化（ΔVOL）与经济变化（ΔGDP）的联动与脱钩程度

资料来源：匡耀求和赵亚兰（2019）。

Expansive Coupling，通常译为增长连接、扩张连接，字面含义有些莫名其妙，实际上是指碳排放与经济同步增长的状态，即两个变量（比如碳排放与经济）在增长的过程中相互联动，建议译为联动增长。

Recessive Coupling，常译为衰退连接，字面含义更加难以理解，实际上指两个变量同步衰退的状态，即在衰退的过程中相互联动，建议译为联动衰退。

Decoupling，即脱钩，这个译名已得到广泛认可，可进一步划分为 Strong Decoupling 强脱钩、Weak Decoupling 弱脱钩、Recessive Decoupling 衰退性脱钩。

Negative Decoupling，通常译为负脱钩，其实也不准确，Negative 是指负面的、不良的、恶性的，可以译为恶性脱钩或不良脱钩，建议译为不良脱钩。不良脱钩可进一步划分为：Expansive Negative Decoupling，前人译为扩张性负脱钩（邓华、段宁，2004），含义不明确，建议译为增长性不良脱钩；Strong Negative Decoupling，前人译为强负脱钩，建议译为强不良脱钩；Weak Negative Decoupling，前人译为弱负脱钩，建议译为弱不良脱钩。

对于温室气体排放与经济发展的关系来说，强脱钩是实现经济低碳化发展的最理想状态，相应的，强不良脱钩为最不利状态。

相信采用这个新的脱钩分析术语汉译方案，不仅可以让脱钩分析方法更加通俗易懂，促进脱钩分析方法的进一步普及，而且可以让脱钩研究成果更加易于理解，促进脱钩研究成果的应用。

（二）中国交通运输碳排放短期时间演变特征实证分析

根据前文的介绍，将 Tapio 的脱钩弹性模型运用到中国交通运输碳排放能源消费和经济发展的研究中，所使用的公式如下：

$$\varepsilon = \frac{\%\Delta C}{\%\Delta GDP} = \frac{\Delta C / C^m}{\Delta GDP / GDP^m} \tag{4.1}$$

公式（4.1）中，ε 为脱钩弹性值；$\%\Delta C$ 代表碳排放 C 在 m 和 n 两个年份间的变化率，其中 ΔC 代表两个年份之间碳排放的变化量，m 代表较早的年份，n 代表较晚的年份，m—n 年的脱钩弹性值可以简单表述为第 n 年的脱钩弹性值；同理，$\%\Delta GDP$ 代表 GDP（2016 年可比价）在 m 和 n 两个年份间的变化率。

为了更好理解中国交通运输碳排放与 GDP 的脱钩弹性值逐年变动的原因，本书还考察了煤炭（包括原煤）、石油（包括汽油、柴油、煤油、燃油、液化石油气）和清洁能源（包括天然气、液化天然气、电力）与经济发展的脱钩弹性值，分别表示为 ε_1、ε_2和 ε_3。

研究期内，中国经济变化率一直为正，即$\%\Delta GDP>0$；整体的交通运输碳排放、石油消费碳排放和清洁能源碳排放的变化率也一直为正；煤炭的碳排放变化率只有在 2002 年、2003 年和 2011 年为正，其他时间$\%\Delta C_1<0$，那么可以判断，这些年份的 ε_1均为强脱钩状态。

四个脱钩弹性指数计算结果见表 4.3 和图 4.2，由图可知 ε 的变动趋势与 ε_2基本一致，这是因为中国交通运输碳排放主要由石油燃料的燃烧产生，大约占 88%。研究期内，ε 和 ε_2以弱脱钩为主，是一种与经济发展依存较小的状态，仅次于强脱钩，但并不稳定，由于 ε 的变化还受另外两种能源脱钩弹性值的影响，所以 ε 的波动比 ε_2略小。

表 4.3　2001—2016 年中国交通运输、煤炭、石油和清洁能源碳排放与经济发展的脱钩弹性值变化趋势

年份	ε	状态	ε_1	状态	ε_2	状态	ε_3	状态
2000—2001	0.41	WD	-0.48	SD	0.43	WD	1.06	EC
2001—2002	0.68	WD	0.12	WD	0.72	WD	0.46	WD
2002—2003	0.76	WD	0.77	WD	0.68	WD	1.98	END
2003—2004	1.25	END	-0.89	SD	1.39	END	0.94	EC
2004—2005	0.49	WD	-0.13	SD	0.52	WD	0.52	WD
2005—2006	0.42	WD	-0.52	SD	0.44	WD	0.66	WD
2006—2007	0.28	WD	-0.38	SD	0.29	WD	0.39	WD
2007—2008	0.59	WD	-0.35	SD	0.53	WD	1.76	END
2008—2009	0.19	WD	-0.18	SD	0.13	WD	1.09	EC
2009—2010	0.54	WD	-0.03	SD	0.54	WD	0.71	WD

续表

年份	ε	状态	ε_1	状态	ε_2	状态	ε_3	状态
2010—2011	0.72	WD	0.11	WD	0.61	WD	1.96	END
2011—2012	0.85	EC	-0.54	SD	0.88	EC	0.83	EC
2012—2013	0.73	WD	-0.24	SD	0.68	WD	1.27	END
2013—2014	0.57	WD	-1.48	SD	0.52	WD	1.25	END
2014—2015	0.69	WD	-1.23	SD	0.68	WD	0.97	EC
2015—2016	0.41	WD	-2.59	SD	0.31	WD	1.47	END

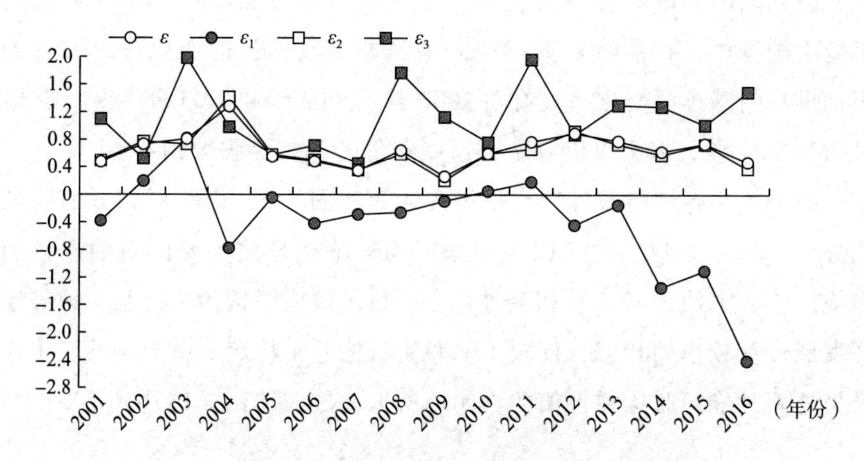

图 4.2　2001—2016 年中国交通运输、煤炭、石油和清洁能源碳排放与经济发展的脱钩弹性值变化趋势

研究期内，煤炭消费碳排放与经济活动的脱钩指数大体保持了强脱钩的状态，强脱钩的年份占 81.25%，说明煤炭碳排放的变化方向与蓬勃发展的经济变化方向相反，这与中国交通运输领域逐渐减少使用蒸汽机车的情况一致，表明中国交通运输的能源结构在不断优化。只有 2002 年、2003 年和 2011 年煤炭碳排放出现了回升，ε_1脱钩状态变成了弱脱钩，但在 2011 年后便再也没有反弹过，且脱钩弹性值从 2012 年的 -0.54 迅速降低至 2016 年的 -2.59，显示出了强劲的强脱钩趋势。未来应进一步减少煤炭在中国交通运输领域的使用，用更清洁的电力、天然气（包括 CNG 和 LNG）、生物质燃料等来代替，使煤炭碳排放与经济发展的强脱钩关系一直保持下去。

石油燃料弥补了大部分日益减少的煤炭空缺。研究期内，石油燃料的碳排放量在不断攀升，但在 87.5% 的时间里 ε_2 的状态为弱脱钩，且 2016 年的脱钩弹性值低于 2001 年，2004 年和 2012 年 ε_2 出现了反复，分别呈现出增长性不良脱钩和联动增长的状态；ε_2 最佳状态出现在 2009 年，呈弱脱钩，脱钩弹性值为 0.13。虽然弱脱钩状态不及强脱钩那么理想，也不够稳定，但显示出了中国能源结构优化和能源效率提高的努力，脱钩状态的优化潜力巨大。在私人汽车和航空出行需求日益增长的未来，若不改变现有的能源结构，寻找大规模替代石油的清洁能源，可以预见，未来的石油消费碳排放增长率将继续大幅上涨，石油消费碳排放与经济发展的脱钩状态可能会恶化。

清洁能源与煤炭和石油不同，我们希望煤炭和石油带来的碳排放与经济增长呈现脱钩状态，以证明蓬勃发展的经济不必然带来环境压力。但我们更希望清洁能源可以替代煤炭和石油等高碳含量的化石能源，则日渐增长的清洁能源碳排放比例便是判断这个趋势的指标。因此，清洁能源碳排放与经济增长未出现脱钩并不表征这是坏的能源结构，在经济发展一直保持较高增速的中国，ε_3 呈现增长性不良脱钩表示清洁能源碳排放的变化率大于经济发展的变化率，呈现联动增长说明二者的变化率相近，都是较理想的状态。研究期内，ε_3 在 5 个年份呈弱脱钩状态、5 个年份呈联动增长状态、6 个年份呈增长性不良脱钩，说明清洁能源与经济发展之间的依赖程度较低（弱脱钩和增长性不良脱钩的年份共 11 个）。脱钩弹性值在 17 年间波动较大，从 2012 年起逐渐稳定在联动增长和增长性不良脱钩两个状态，不过数值都较低，还有较大的提升潜力。大规模应用和开发更多清洁能源是未来能源结构调整的关键所在，目前，中国交通运输使用的清洁能源以电力（核电、水电、光伏发电等）、天然气（包括 CNG 和 LNG）为主，还有少量的甲醇汽油，种类不够多，用量也需要进一步增加。使用新能源交通工具意味着需要淘汰一大批传统的交通工具，这种做法成本较高，也是新能源交通工具推广速度较慢的原因之一，政府应采取更多的行政手段和经济手段共同促成清洁能源交通工具的更新换代，尤其是公共交通领域。

受三种能源脱钩弹性值的共同影响，研究期内 ε 的状态大体与 ε_2 一致，但更加平稳，它的初始状态和最后状态的脱钩弹性值相同，2004 年出现了最差状态增长性不良脱钩，最佳状态出现在 2009 年，脱钩弹性值为 0.19。由于目前的交通运输碳排放系数较高，能源结构还远不算清洁，所以通过传统的脱钩弹性值判断标准来推测其发展状态是合理的。中国交通运输碳排放与经济发展的脱钩指数在研究期内 87.5% 的时间里为弱脱钩状态，其数值在 2012 年后稳定下降，应通过优化能源结构的方式继续保持这个下降趋势，而不是寄希望于限制经济发展速度，否则还有可能恶化为联动增长的状态。

（三）中国 30 个省（区、市）交通运输碳排放短期时间演变特征实证分析

2006—2016 年中国 30 个省（区、市）交通运输碳排放与各地经济发展的脱钩指数见表 4.4。表的第一部分展示了各地逐年的脱钩指数计算结果，其后两个部分分别展示了$\%\Delta C$ 和$\%\Delta GDP$ 的结果，它们的正负直接影响脱钩状态的判断，且变化较为复杂，所以一并附上。

由表 4.4 可知，研究期内中国 30 个省（区、市）的经济发展变化率$\%\Delta \mathrm{GDP}$除了辽宁在 2015 年和 2016 年出现了降低外，都正向积极发展。因此，在各地$\%\Delta C$ 出现负值时，对应年份的地区都呈现强脱钩的理想状态。出现强脱钩次数最多的年份分别是 2016 年（16 个地区）、2013 年（15 个地区）和 2008 年（7 个地区），可以看到强脱钩出现的次数越来越多，但是还不够稳定；出现强脱钩次数最多的地区是黑龙江和海南，均出现 4 次强脱钩，河北、山西、上海、江西和湖北在研究期内出现 3 次强脱钩。这说明这些地区的低碳交通发展在一些年份取得了较好的成效，但是效果也不稳定，捍卫碳减排成果还需要更多努力。

根据 30 个省（区、市）在研究期内出现过的交通运输碳排放与经济发展脱钩状态频次整理出表 4.5，可以看到在研究期内各地区一共出现了 5 种状态，除了辽宁因为短期的经济倒退出现弱不良脱钩外，其他 29 个省（区、市）只出现过强脱钩、弱脱钩、联动增长和增长性不良脱钩 4 种状态。

表 4.4　2006—2016 年中国 30 个省（区、市）交通运输碳排放与经济发展的脱钩弹性值

省（区、市）	ε										
	2006年	2007年	2008年	2009年	2010年	2011年	2012年	2013年	2014年	2015年	2016年
北京	1.33	1.02	1.61	0.43	0.31	0.67	0.36	-0.14	0.92	0.20	0.63
天津	0.29	0.18	0.69	0.64	0.54	0.52	0.65	-1.28	0.98	1.01	-1.43
河北	0.35	0.28	-0.59	0.07	1.15	2.89	-0.29	0.66	-3.40	1.27	1.56
山西	0.58	0.11	19.43	0.31	-0.04	0.31	0.79	-0.04	-1.29	5.95	1.25
内蒙古	0.64	0.42	1.11	0.57	0.64	0.55	1.66	-3.97	-0.17	1.05	0.08
辽宁	0.33	0.55	0.59	0.38	0.59	1.00	0.83	-1.08	2.37	0.10	0.11
吉林	0.71	0.81	-0.48	0.07	0.59	0.35	0.01	0.75	2.32	0.45	-0.93
黑龙江	0.59	0.17	-4.30	0.72	0.97	2.37	-0.21	-2.70	37.50	4.11	-1.93
上海	1.01	0.67	-4.50	6.16	0.40	-0.07	0.39	0.09	0.09	0.55	-1.01
江苏	0.51	0.37	0.92	0.28	0.94	0.84	1.02	-0.17	1.37	0.45	-1.51
浙江	0.52	0.47	0.73	0.20	0.49	0.76	0.47	0.50	0.03	0.60	-0.83
安徽	0.66	0.69	0.87	0.30	0.44	1.14	2.59	1.39	1.40	0.43	-1.32
福建	0.19	1.24	0.55	0.39	0.82	0.75	0.31	0.09	0.61	0.13	-0.77
江西	0.12	-0.22	-0.10	0.14	1.35	1.40	0.03	2.17	0.49	0.85	-1.28
山东	0.53	0.31	0.29	0.64	0.85	0.84	0.60	-3.33	0.19	0.35	-0.44
河南	0.28	0.61	0.75	0.20	0.98	1.63	1.21	1.52	0.25	1.38	-1.17
湖北	0.68	0.75	0.79	0.14	-0.05	1.17	0.05	-0.42	1.00	0.30	-1.23
湖南	0.41	0.45	-0.96	1.06	0.44	0.28	0.81	2.08	0.84	1.36	-2.13
广东	0.27	0.38	0.85	0.43	0.74	0.16	0.65	-0.38	0.44	0.54	-1.29
广西	0.59	0.43	0.39	0.48	0.46	0.61	1.84	-2.62	3.42	0.89	-3.66
海南	1.12	0.30	4.10	-0.09	1.16	0.44	0.63	-1.09	-0.62	0.48	-0.08
重庆	0.49	0.79	1.00	0.23	0.74	1.05	0.82	0.83	-0.37	1.14	0.69
四川	0.88	0.75	1.53	0.75	0.39	0.63	1.25	-1.12	4.01	0.73	1.69
贵州	0.93	0.73	2.11	0.23	0.65	0.53	1.03	0.29	0.18	0.66	1.34
云南	0.81	0.68	0.37	0.27	1.11	0.51	0.54	-0.52	1.20	0.28	0.89

省（区、市）	%ΔC										
	2006年	2007年	2008年	2009年	2010年	2011年	2012年	2013年	2014年	2015年	2016年
北京	0.25	0.19	0.13	0.07	0.06	0.07	0.04	-0.01	0.08	0.02	0.04
天津	0.05	0.05	0.08	0.14	0.13	0.09	0.09	-0.15	0.06	0.08	-0.13
河北	0.07	0.06	-0.05	0.01	0.24	0.29	-0.02	0.03	-0.03	0.10	0.11
山西	0.11	0.03	0.69	0.05	-0.01	0.03	0.05	-0.00	-0.02	0.05	0.06
内蒙古	0.18	0.14	0.17	0.12	0.15	0.07	0.15	-0.25	-0.00	0.02	0.01
辽宁	0.06	0.13	0.07	0.08	0.13	0.15	0.09	-0.09	0.07	-0.02	-0.00
吉林	0.16	0.18	-0.08	0.01	0.13	0.05	0.00	0.06	0.05	0.02	-0.06
黑龙江	0.08	0.03	-0.16	0.14	0.21	0.26	-0.02	-0.17	0.07	0.07	-0.12
上海	0.15	0.12	-0.38	0.73	0.06	-0.00	0.03	0.01	0.01	0.07	-0.07
江苏	0.10	0.08	0.11	0.06	0.19	0.09	0.11	-0.02	0.11	0.05	-0.12
浙江	0.10	0.09	0.06	0.04	0.10	0.06	0.04	0.03	0.00	0.06	-0.06
安徽	0.13	0.15	0.12	0.06	0.11	0.16	0.35	0.13	0.08	0.05	-0.11
福建	0.04	0.24	0.08	0.07	0.17	0.10	0.04	0.01	0.05	0.01	-0.06
江西	0.02	-0.04	-0.01	0.03	0.34	0.17	0.00	0.21	0.03	0.09	-0.12
山东	0.10	0.07	0.03	0.10	0.15	0.09	0.06	-0.28	0.01	0.03	-0.03
河南	0.06	0.14	0.07	0.03	0.17	0.19	0.12	0.13	0.02	0.13	-0.09
湖北	0.14	0.17	0.11	0.03	-0.01	0.19	0.01	-0.05	0.09	0.03	-0.10
湖南	0.08	0.11	-0.13	0.23	0.11	0.04	0.10	0.22	0.07	0.13	-0.17
广东	0.05	0.08	0.07	0.06	0.14	0.01	0.06	-0.03	0.03	0.05	-0.10
广西	0.12	0.10	0.04	0.11	0.11	0.08	0.22	-0.27	0.26	0.09	-0.27
海南	0.16	0.08	0.36	-0.02	0.31	0.07	0.07	-0.13	-0.04	0.05	-0.01
重庆	0.08	0.20	0.12	0.04	0.20	0.18	0.11	0.11	-0.04	0.15	0.07
四川	0.18	0.17	0.14	0.16	0.09	0.10	0.16	-0.11	0.24	0.07	0.13
贵州	0.18	0.20	0.21	0.04	0.14	0.12	0.20	0.05	0.02	0.08	0.14
云南	0.16	0.14	0.03	0.05	0.24	0.09	0.09	-0.06	0.07	0.02	0.08

省（区、市）	%ΔGDP										
	2006年	2007年	2008年	2009年	2010年	2011年	2012年	2013年	2014年	2015年	2016年
北京	0.19	0.18	0.08	0.16	0.17	0.10	0.11	0.08	0.08	0.12	0.07
天津	0.17	0.27	0.12	0.22	0.24	0.17	0.13	0.11	0.06	0.08	0.09
河北	0.19	0.21	0.08	0.16	0.21	0.10	0.08	0.05	0.01	0.08	0.07
山西	0.19	0.30	0.04	0.16	0.23	0.11	0.06	0.05	0.02	0.01	0.05
内蒙古	0.29	0.34	0.16	0.22	0.24	0.13	0.09	0.06	0.00	0.02	0.07
辽宁	0.19	0.24	0.12	0.20	0.23	0.15	0.10	0.08	0.03	-0.18	-0.02
吉林	0.22	0.22	0.16	0.19	0.22	0.15	0.13	0.08	0.02	0.04	0.07
黑龙江	0.14	0.17	0.04	0.19	0.22	0.11	0.08	0.06	0.00	0.02	0.06
上海	0.15	0.18	0.08	0.12	0.14	0.06	0.08	0.09	0.07	0.12	0.07
江苏	0.20	0.21	0.12	0.20	0.20	0.11	0.11	0.10	0.08	0.11	0.08
浙江	0.18	0.19	0.08	0.17	0.20	0.08	0.09	0.07	0.06	0.11	0.08
安徽	0.19	0.22	0.13	0.21	0.25	0.14	0.13	0.10	0.06	0.11	0.09
福建	0.20	0.19	0.14	0.19	0.21	0.13	0.11	0.11	0.09	0.12	0.08
江西	0.19	0.20	0.10	0.22	0.25	0.12	0.12	0.09	0.07	0.11	0.09
山东	0.18	0.22	0.09	0.15	0.17	0.11	0.11	0.08	0.07	0.08	0.08
河南	0.21	0.23	0.09	0.17	0.17	0.12	0.10	0.09	0.06	0.10	0.08
湖北	0.20	0.23	0.14	0.22	0.24	0.16	0.13	0.11	0.09	0.11	0.08
湖南	0.20	0.24	0.13	0.22	0.25	0.14	0.12	0.10	0.08	0.10	0.08
广东	0.19	0.21	0.08	0.14	0.18	0.09	0.09	0.09	0.07	0.10	0.08
广西	0.21	0.23	0.09	0.23	0.25	0.12	0.12	0.10	0.08	0.10	0.07
海南	0.14	0.26	0.09	0.20	0.27	0.16	0.10	0.12	0.06	0.10	0.08
重庆	0.16	0.25	0.12	0.19	0.27	0.17	0.13	0.13	0.10	0.13	0.11
四川	0.20	0.23	0.09	0.21	0.22	0.16	0.13	0.10	0.06	0.10	0.08
贵州	0.20	0.27	0.10	0.16	0.22	0.22	0.19	0.16	0.13	0.12	0.11
云南	0.19	0.21	0.07	0.17	0.22	0.17	0.16	0.12	0.06	0.09	0.09

续表

省（区、市）	ε										
	2006年	2007年	2008年	2009年	2010年	2011年	2012年	2013年	2014年	2015年	2016年
陕西	0.66	0.74	1.36	0.62	0.27	0.54	0.24	-1.47	1.07	-0.15	0.34
甘肃	0.31	0.11	0.96	0.37	0.45	0.36	0.79	3.68	14.73	-0.20	0.48
青海	0.58	1.45	4.23	0.58	0.33	0.84	0.44	0.62	0.88	1.81	2.06
宁夏	0.40	0.21	0.23	0.20	0.32	0.20	0.77	0.11	0.67	1.39	0.01
新疆	0.89	0.14	-0.01	-0.09	0.28	0.59	0.97	2.29	3.26	3.45	0.57

省（区、市）	%ΔC										
	2006年	2007年	2008年	2009年	2010年	2011年	2012年	2013年	2014年	2015年	2016年
陕西	0.12	0.19	0.20	0.14	0.07	0.09	0.03	-0.15	0.04	-0.01	0.03
甘肃	0.05	0.02	0.06	0.07	0.10	0.04	0.11	0.36	0.01	-0.01	0.04
青海	0.13	0.40	0.40	0.11	0.09	0.12	0.06	0.06	0.05	0.12	0.17
宁夏	0.11	0.07	0.03	0.05	0.08	0.02	0.09	0.01	0.04	0.12	0.00
新疆	0.13	0.03	-0.00	-0.02	0.06	0.08	0.13	0.25	0.05	0.16	0.04

省（区、市）	%ΔGDP										
	2006年	2007年	2008年	2009年	2010年	2011年	2012年	2013年	2014年	2015年	2016年
陕西	0.18	0.26	0.14	0.23	0.24	0.17	0.14	0.10	0.04	0.08	0.08
甘肃	0.18	0.19	0.07	0.20	0.21	0.12	0.14	0.10	0.00	0.07	0.08
青海	0.22	0.28	0.09	0.19	0.26	0.15	0.14	0.10	0.06	0.07	0.08
宁夏	0.26	0.31	0.13	0.23	0.26	0.12	0.12	0.09	0.06	0.09	0.08
新疆	0.14	0.20	0.05	0.24	0.20	0.14	0.14	0.11	0.02	0.05	0.08

注：表示脱钩弹性值为负，表示值为［0，0.8］，表示值为（0.8，1.2］，表示值为（1.2，+∞）。

表 4.5 2006—2016 年中国 30 个省（区、市）交通运输碳排放与经济发展脱钩状态频次

省(区、市)	SD	WD	EC	END	WND	省(区、市)	SD	WD	EC	END	WND
北京	1	6	2	2	0	河南	1	5	1	4	0
天津	2	7	2	0	0	湖北	3	6	2	0	0
河北	3	4	1	3	0	湖南	2	4	3	2	0
山西	3	5	0	3	0	广东	2	8	1	0	0
内蒙古	2	6	2	1	0	广西	2	6	1	2	0
辽宁	1	5	2	1	2	海南	4	4	2	1	0
吉林	2	7	1	1	0	重庆	1	5	5	0	0
黑龙江	4	3	1	3	0	四川	1	5	1	4	0
上海	3	6	1	1	0	贵州	0	7	2	2	0
江苏	2	4	4	1	0	云南	1	6	4	0	0
浙江	1	7	0	3	0	陕西	2	7	1	1	0
安徽	1	7	2	1	0	甘肃	1	7	1	2	0
福建	1	8	1	1	0	青海	0	5	2	4	0
江西	3	4	1	3	0	宁夏	0	10	0	1	0
山东	2	7	2	0	0	新疆	2	4	2	3	0

表 4.6 展示了 2006 年、2011 年和 2016 年中国 30 个省（区、市）交通运输碳排放与经济发展的脱钩状态，以及各地出现频率最高的脱钩状态。

由表 4.5 和表 4.6 可知，研究期内，各地出现频次最高的状态是弱脱钩，只有黑龙江和海南最高频次状态是强脱钩（4 次），说明这两地的低碳交通发展与经济发展依赖程度最低，脱钩结果最好，未来应保持这一状态。其他地区应继续调整交通运输结构和能源结构，努力在发展经济的同时，实现交通运输碳排放的降低。

在表 4.6 选取的 3 个年份中，全国各地区的交通运输碳排放与经济发展脱钩状态经历了先整体恶化，再东部优化且两极分化的过程。2006 年，全国各地区以弱脱钩状态为主，还有 6 个地区出现联动增长状态；2011 年联动增长状态地区增至 7 个，增长性不良脱钩状态地区增至 4

个，且都是新增加的地区，即这些地区的脱钩状态出现了恶化；令人欣喜的是，2016年全国出现了16个强脱钩地区，主要分布在东部地区，7个地区呈弱脱钩状态，联动增长状态地区只有1个，5个地区呈增长性不良脱钩状态，但新增了1个弱不良脱钩这个最差状态（辽宁），全国脱钩状态分布呈现出两极分化的特点。这说明中国交通运输碳排放在经历了自然发展的阶段后，2011年后各地积极采取低碳减排措施并取得了较好的成效，但仍有少量地区碳减排效果不佳甚至出现了经济倒退。成效较好的地区应继续保持强脱钩的发展趋势，并不断学习新的技术和管理知识，总结经验后推广至成效较差的地区；未实现强脱钩的地区应反思本地区脱钩状态恶化的原因，并积极向先进地区学习，结合本地特点实施有效的政策，将脱钩状态拨乱反正，最终实现强脱钩状态。

表4.6 2006年、2011年和2016年中国30个省（区、市）交通运输碳排放与经济发展脱钩状态

省（区、市）	2006年	2011年	2016年	2006—2016年最高频次脱钩状态
北京	增长性不良脱钩	弱脱钩	弱脱钩	弱脱钩
天津	弱脱钩	弱脱钩	强脱钩	弱脱钩
河北	弱脱钩	增长性不良脱钩	增长性不良脱钩	弱脱钩
山西	弱脱钩	弱脱钩	增长性不良脱钩	弱脱钩
内蒙古	弱脱钩	弱脱钩	弱脱钩	弱脱钩
辽宁	弱脱钩	联动增长	弱不良脱钩	弱脱钩
吉林	弱脱钩	弱脱钩	强脱钩	弱脱钩
黑龙江	弱脱钩	增长性不良脱钩	强脱钩	强脱钩
上海	联动增长	强脱钩	强脱钩	弱脱钩
江苏	弱脱钩	联动增长	强脱钩	弱脱钩、联动增长
浙江	弱脱钩	弱脱钩	强脱钩	弱脱钩
安徽	弱脱钩	联动增长	强脱钩	弱脱钩
福建	弱脱钩	弱脱钩	强脱钩	弱脱钩
江西	弱脱钩	增长性不良脱钩	强脱钩	弱脱钩
山东	弱脱钩	联动增长	强脱钩	弱脱钩

续表

省（区、市）	2006 年	2011 年	2016 年	2006—2016 年最高频次脱钩状态
河南	弱脱钩	增长性不良脱钩	强脱钩	弱脱钩
湖北	弱脱钩	联动增长	强脱钩	弱脱钩
湖南	弱脱钩	弱脱钩	强脱钩	弱脱钩
广东	弱脱钩	弱脱钩	强脱钩	弱脱钩
广西	弱脱钩	弱脱钩	强脱钩	弱脱钩
海南	联动增长	弱脱钩	强脱钩	强脱钩、弱脱钩
重庆	弱脱钩	联动增长	弱脱钩	弱脱钩、联动增长
四川	联动增长	弱脱钩	增长性不良脱钩	弱脱钩
贵州	联动增长	弱脱钩	增长性不良脱钩	弱脱钩
云南	联动增长	弱脱钩	联动增长	弱脱钩
陕西	弱脱钩	弱脱钩	弱脱钩	弱脱钩
甘肃	弱脱钩	弱脱钩	弱脱钩	弱脱钩
青海	弱脱钩	联动增长	增长性不良脱钩	弱脱钩
宁夏	弱脱钩	弱脱钩	弱脱钩	弱脱钩
新疆	联动增长	弱脱钩	弱脱钩	弱脱钩

二　中国交通运输碳排放长期时间演变特征

由于影响交通运输碳排放的因素较多，本章通过短时间序列观察中国及各省（区、市）的交通运输碳排放的发展变化情况，发现它们的变化较为剧烈，变化趋势存在较大的不确定性，很难简单总结出其变化规律。因此还需要增加长时间序列演变分析的视角来表征其演变趋势，本书将采用赫斯特指数（Hurst Exponent）来进行长时间序列的实证分析。

（一）赫斯特指数

赫斯特指数常用来分析长时间序列的分形特征和长期记忆，它描述了时间序列的自相关性，以及随着序列数值的增减其自相关性的滞后速率（梁静溪、陈昭，2004）。Harold Edwin Hurst 于 20 世纪 50 年代首次提出赫斯特指数，赫斯特指数的符号 H 也是源于此。赫斯特指数最早用于水文学研究，通过赫斯特指数，Hurst 等人确定了尼罗河大坝在长时间观察到的旱涝条件下的最佳规模（周刚、刘渊，2007）。赫斯特指数还与分形维数直接相关，它可以度量一个时间序列具有“轻度”还是“显著”的无序性，这可以通过量化这个时间序列的回归平均和定向聚集的倾向性来实现（陈昭、梁静溪，2005）。目前，这个方法被许多领域采用，如在经济领域，使用赫斯特指数分析汇率变化（孔德龙，2003）、股票风险（林欣，2008）、房地产价格（陈仲常、纪同辉，2012）、旅游人数发展（张燕、吴玉鸣，2007）的时序特征以得到政策启示；在地质和环境领域，使用赫斯特指数来分析水资源（李瑞，2016）、气候指标（郝慧梅、任志远，2006）、地磁变化（许康生等，2017）的时序特征。

Hurst 指数的范围是 0 到 1。当其数值在 0.5 和 1 之间时，时间序列具有长时间的正自相关性，也就是说，时间序列中的前一个数值偏高时，后一个时间点大概率会出现更大的数值，而且这个趋势会一直延续至将来。而当 Hurst 指数在 0 和 0.5 之间时，时间序列倾向于发生显著震荡，也就是说，时间序列中的前一个数值偏高时，后一个时间点大概率会出现偏小的数值，而再后一个时间点则重新出现偏高的数值。在这种情况下，偏高与偏低的数值会交替出现，使得时间序列在长时间内呈现明显的震荡特性，而且该特性会持续至将来。当 Hurst 指数刚好为 0.5 时，时间序列会呈现完全随机的特性，也就是说，在短时间内时间序列可以是正相关的也可以是负相关的，但长时间而言这种自相关性并不显著，自相关系数会随时间呈指数关系变动并迅速递减至 0。

Hurst 指数 H 可以通过重标极差法（R/S）得到，在该方法中 Hurst 指数描述的时间序列有公式（4.2）中的关系：

$$E\left[\frac{R(n)}{S(n)}\right] = C\,n^{H} \tag{4.2}$$

当 n 趋于无穷大时公式（4.2）成立。其中 E［·］表示期望值，R（n）和 S（n）分别是极差和标准差，C 是常数。将包含 N 个数值的时间序列平均分成若干份，每一份的长度为 $n=N$，$N/2$，$N/4$，然后计算每一个 n 对应的平均重标极差，通过它随 n 的变化可以拟合出 H。R/S 分析法的具体步骤如下。

第一步，计算长度为 n 的时间序列 $X=X_1$，X_2，…，X_n 的平均值，见公式（4.3）：

$$m = \frac{1}{n}\sum_{i=1}^{n} X_i \tag{4.3}$$

第二步，构造一个关于平均值的偏差序列，见公式（4.4）：

$$Y_t = X_t - m \tag{4.4}$$

其中，$t=1，2，…，n$。

第三步，构造累计偏差序列，见公式（4.5）：

$$Z_t = \sum_{i=1}^{t} Y_i \tag{4.5}$$

第四步，计算极差，见公式（4.6）：

$$R(n) = \max(Z_1, Z_2, \cdots, Z_n) - \min(Z_1, Z_2, \cdots, Z_n) \tag{4.6}$$

第五步，计算标准差，见公式（4.7）：

$$S(n) = \sqrt{\frac{1}{n}\sum_{i=1}^{n} (X_i - m)^2} \tag{4.7}$$

第六步，对所有长度为 n 的时间序列计算得到的 R（n）/S（n）取平均值，然后根据公式（4.8）通过线性拟合方法得到 $\ln\left\{E\left[\frac{R(n)}{S(n)}\right]\right\}$ 与 $\ln$（n）之间的线性关系，其斜率即为赫斯特指数 H。

$$\ln\left\{E\left[\frac{R(n)}{S(n)}\right]\right\} = \ln(C) + H\ln(n) \tag{4.8}$$

Hurst 指数计算结果可以指示研究对象在研究期内的变化特点。

$H=0.5$ 时，研究对象在研究期内的变化过程是随机的，指标未来的变化与历史趋势无关，属于标准的布朗运动，不能通过历史数据推测未来趋势。

$0.5<H\leq 1$ 时，研究对象在研究期内的变化过程是呈正自相关的，且指数越接近1，相关性越强，越接近0.5，趋势的无序性越强。

$0\leq H<0.5$ 时，研究对象在研究期内的变化过程是负自相关的，具有显著的震荡特性，且指数越接近0，震荡特性越强，越接近0.5，趋势的无序性越强。

由于中国交通运输碳排放的变化受许多因素共同作用，本书除了分析中国交通运输碳排放的 Hurst 指数 H_C外，还计算了道路、铁路、水路和航空四种交通运输方式的碳排放 Hurst 指数，分别记作 H_{C1}、H_{C2}、H_{C3}和 H_{C4}；交通运输能源强度、能源消费量、周转量和碳排放系数的 Hurst 指数分别记作 H_I、H_E、H_T和 H_f。

（二）中国交通运输碳排放长期时间演变特征实证分析

中国交通运输碳排放及相关指标的 Hurst 指数变化过程如图 4.3 所示，由于 Hurst 指数的计算需要一定数量的历史数据，已有研究成果显示，Hurst 指数的准确度会随着时间序列长度的增加而提高（叶中行、曹奕剑，2001；高洁，2013），因此时间序列不宜太短。根据前文的研究成果，2009 年可能是中国交通运输碳排放各项指标的转折年份，因此计算结果应尽量包含 2009 年和之前几年的数值，所以本书使用的数据时间跨度是 2000—2016 年，得出的结果是 2006—2016 年的 Hurst 指数；2006 年的 Hurst 指数由 2000—2006 年共计 7 年的数据得出，2016 年的 Hurst 指数由 2000—2016 年共计 17 年的数据得出。

由图 4.3 可知，中国交通运输碳排放变化量的时间序列对应的阶段性 Hurst 指数均高于 0.5，表现出较显著的正自相关性。其中，2006—2009 年 Hurst 指数维持在较高数值，说明其变化呈现比较显著的单调性和稳定性规律。而 2009 年之后 Hurst 指数急剧下降，直至 2012 年达到最低值，说明该时间段内中国交通运输碳排放量受到的不稳定因素增加，导致其变化规律偏离过去的年份。而后在 2012—2016 年，Hurst 指数逐渐上升，说明碳排放变化量随时间的变化重新趋于平稳。道路运输的碳排放变化量对应的 Hurst 指数呈现出与总交通运输碳排放变化量十分接近的变化，这说明交通运输碳排放总量主要受道路运输碳排放量的变化影响。结合其他几种交通运输方式碳排放变化量的 Hurst 指数，可以看出，只有道路运输碳排放变化量的 Hurst 指数在 2009 年附近出现显著下降，说明影响碳排放量的不稳定因素主要来源于道路运输。而水路运输的碳排放变化量对应的 Hurst 指数在 2006—2013 年都在 0.4 和 0.6 之间，说明其变化呈相对随机的特性，而在 2013 年之后则表现出自相关性，说明其变化趋于稳定。

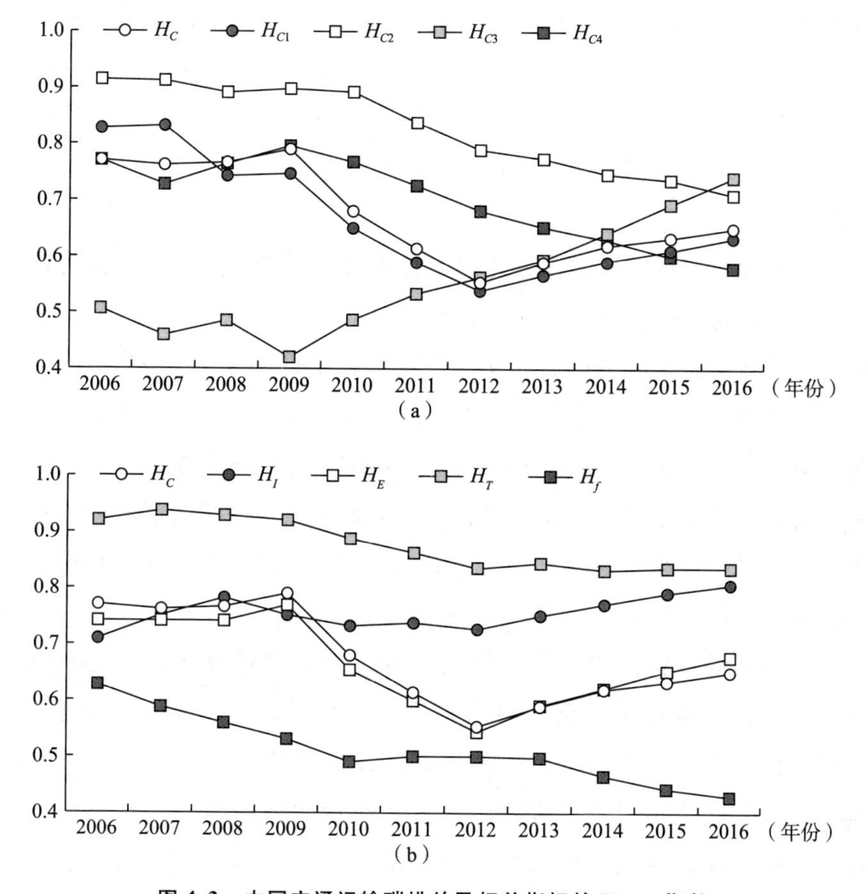

图 4.3　中国交通运输碳排放及相关指标的 Hurst 指数

能源消费变化量的 Hurst 指数呈现与交通运输碳排放变化量十分接近的变化规律，说明碳排放系数变化不大，能源结构并没有显著优化。

这个结果与图中碳排放系数变化量的 Hurst 指数的变化趋势相一致，后者呈现随机特性且实际变化量也较低。交通运输能源强度变化量和周转量变化量都表现出较强的正自相关性，说明两者在研究期内稳定增长，它们的长期记忆特征是各个变化量中最显著的，这从侧面反映出两者的变化没有因为社会条件因素的改变而明显变化。

总结来说，研究期内全国交通运输碳排放变化趋势的无序性逐渐增强，并在 2012 年达到最无序的状态，在此之后自相关性（主要是正相关关系）逐渐增强，结合前文研究结果，这说明研究期内中国交通运输碳排放量的快速增长趋势不复存在，交通运输领域的低碳节能技术和政策取得了良好的效果，并在 2012 年达到最好状态。但 2012 年以后，碳排放增长速度又开始复苏，说明交通运输持续低碳发展的状态遇到瓶颈，若不探索更有效的解决办法，碳排放可能又将回到持续增长的状态。

在四种交通运输形式中，道路运输碳排放由于占比最高，其变化规律与交通运输总碳排放的变化规律相似，应进一步探索更有效的碳减排措施。铁路运输和航空运输的碳排放量在研究期内的变化趋势却由强自相关性逐渐减弱，向无序状态发展，结合前文研究成果，这说明研究期内这两种运输方式的碳减排效果良好，应继续保持这种发展势头。水路运输碳排放的变化趋势独树一帜，在研究期内从无序状态逐渐变为有序状态，发展为日益增强的自相关性状态，并在 2016 年超过所有运输形式，说明水路运输在研究期内得到了大力发展。水路运输是一种相对来说最清洁的运输形式，它以货运为主，若将大量道路、铁路和航空货运的运输量转移至水路，可以在满足运输需求的同时减少碳排放。因此水路运输碳排放增长是一种良好的碳减排信号，意味着低碳交通运输结构的优化，未来应进一步发掘水路运输的潜力，尤其是内河航运，并同时探索船舶、码头的低碳减排技术，实现中国交通运输的绿色低碳发展。

再看其他与碳排放相关的指标的变化趋势。研究期内，中国交通运输能源消费量的变化趋势与碳排放变化趋势十分接近，出现逐渐复苏的趋势，需要采取措施进一步限制它的发展。交通运输能源强度和周转量一直都呈强自相关性的特点，结合前文的研究成果，这说明目前交通领域的低碳节能技术和政策还没有发挥明显的效果，未来除了要在现有的基础上采取更有力的低碳节能手段，还要进行交通运输需求管理，减少不必要的运输需求，如发展公共交通以替代更多的私人交通，使用大宗水路货运或铁路货运以替代零散的道路货运和航空货运等。研究期内碳排放系数从自相关性变为无序发展再变成负自相关性，但总体倾向于无序性，说明碳排放系数在研究期内的变化波动性较大，结合前文的研究成果，它先迅速降低后反弹，之后波动下降，从 2014 年开始逐渐平稳，说明 2008 年开始中国交通运输碳排放系数的继续下降遇到了瓶颈，需要更彻底的能源结构调整才能继续下降，因此低碳交通任重道远。

三　本章小结

本章通过分析中国交通运输碳排放的时间演变特征，得到以下主要结论。

第一，本章通过短时间序列观察发现，研究期内中国交通运输碳排放与经济发展之间的脱钩状态主要为弱脱钩，经历了先恶化，2005 年逐渐优化，在 2009 年状态最佳而后恶化反弹，2012 年后稳定下降，但与初期状态持平的过程，说明整体脱钩状态在波动中平稳，很难改善，碳减排政策效果还有待改进。未来应通过优化能源结构的方式继续保持这个下降趋势，而不是寄希望于限制经济发展速度，否则可能恶化为联动增长的状态。30 个省（区、市）交通运输碳排放与经济发展之间的脱钩状态以弱脱钩为主，在研究期内变化波动剧烈，并呈现先整体弱脱钩后两极分化的状态，需要对状态恶化的地区采取更严格的碳减排措施。

第二，本章通过长时间序列观察发现，研究期内全国交通运输碳排放变化趋势的无序性逐渐增强，并在 2012 年达到最无序的状态，在此之后自相关性（主要是正相关关系）逐渐增强，说明研究期内中国交通运输碳排放量的快速增长趋势不复存在，交通运输领域的低碳节能技术和政策取得了良好的效果，并在2012年达到最好状态。但2012年以后，碳排放又开始增长，说明交通运输持续低碳发展的状态遇到瓶颈，若不探索更有效的解决办法，碳排放可能又将回到持续增长的状态。

第五章

中国交通运输碳排放空间演变特征

第四章对中国交通运输碳排放进行了时间演变特征分析，并在分析30个省（区、市）的时间演变特征时发现各地区的经济发展和交通运输碳排放等方面都呈现出不同特点，差异显著，有必要从空间演变的角度来归纳它们的变化特征，并针对不同地区探讨适合它们本地特点的碳减排技术与策略。本章将通过核密度估计方法和泰尔系数嵌套法，分别表征中国交通运输碳排放的动态演进过程和空间差异性，以分析中国交通运输碳排放的空间演变特征。

一　中国交通运输碳排放的动态演进过程

（一）核密度估计方法

核密度估计方法（Kernel Density Estimation，KDE）是在概率论中用来估计随机变量的密度函数，属于非参数检验方法之一（高铁梅，2006），近年来被广泛用于碳排放空间分布特征的动态演变趋势研究，如邓光耀和任苏灵（2017）分析了1997—2015年中国各省（区、市）能源消费碳排放的时空演进，发现中国各省能源消费碳排放的核密度曲线一直呈单峰状态，但宽度逐渐变大；田云等（2014）使用核密度估计方法分析中国农业碳排放的时空演进，发现2002—2011年区域差异小幅缩小，东部地区的差异出现四极分化，中部地区差异逐渐缩小，西部地区差异在波动中小幅缩小。核密度估计方法使用数据分布图中的图形特征变化来反映其空间动态演变趋势，包括图形中的对称性、偏态、峰态等特征（赵巧芝等，2018）。核密度峰值对应该数据点在不同空间位置出现的总概率密度，归一化后其关于该数据点的积分值为1。

若变量 x 的核密度为 $f(x)$，估计如下：

$$f(x) = \frac{1}{nh}\sum_{i}^{n} K\left(\frac{\bar{x} - x_i}{h}\right) \tag{5.1}$$

公式（5.1）中，n 为样本个数，本章使用的是30个省（区、市）的数据，即 $n = 30$；h 表示适当的带宽；$\bar{x}$ 表示样本均值，x_i 为独立样本观测值；$K(x)$ 为核函数，本章使用高斯核函数，其表达式见公式（5.2）：

$$K(x) = \frac{1}{\sqrt{2\pi}} e^{\left(-\frac{x^2}{2}\right)} \tag{5.2}$$

本章使用核密度估计方法描述中国30个省（区、市）交通运输碳排放 C 的动态演进时，还增加了对能源强度 I 即单位GDP碳排放的动态演进分析，其中GDP使用的是2016年可比价。

（二）中国交通运输碳排放的动态演进过程实证分析

2005—2016年中国交通运输碳排放的核密度计算结果如图5.1所示，其中 C 的曲线为全国30个省（区、市）交通运输碳排放的核密度分布曲线，C_R 和 C_L 分别指GDP较高地区的碳排放量和GDP较低地区的碳排放量，C_R 和 C_L 的曲线分别代表2016年GDP大于2.4万亿元（13个，分别是广东、江苏、山东、浙江、河南、四川、湖北、河北、湖南、福建、上海、北京和安徽）和小于2.4万亿元（17个，分别是陕西、内蒙古、江西、广西、天津、重庆、云南、贵州、新疆、甘肃、海南、宁夏、青海、山西、黑龙江、吉林和辽宁）的省（区、市）交通运输碳排放的核密度分布曲线。C、C_R 和 C_L 的核密度分布曲线特征如下。

（1）研究期内中国交通运输碳排放量的核密度曲线整体向右移动，碳排放的范围从［0，1800］变为［0，2700］，说明在此期间中国各省

(区、市)的交通运输碳排放量均有不同程度的增长。

(2) 30个省(区、市)核密度的峰值随着年份的增加而逐渐降低，且整体分布范围出现明显宽化，说明各省间的差异正在逐渐增大。

(3) 2005—2013年30个省(区、市)的核密度曲线形状如宽度、高度等呈现明显变化，而2013—2016年变化很小，除了峰值略微右移外差距不大，说明各省间的差异已经在2013年基本确立，且整体增速较过去放缓。

(4) 30个省(区、市)核密度的波峰数量从2005年的单峰转变为2016年的多峰，说明各省的交通运输碳排放量逐渐呈现多极分化，即地区间差异逐渐增大。

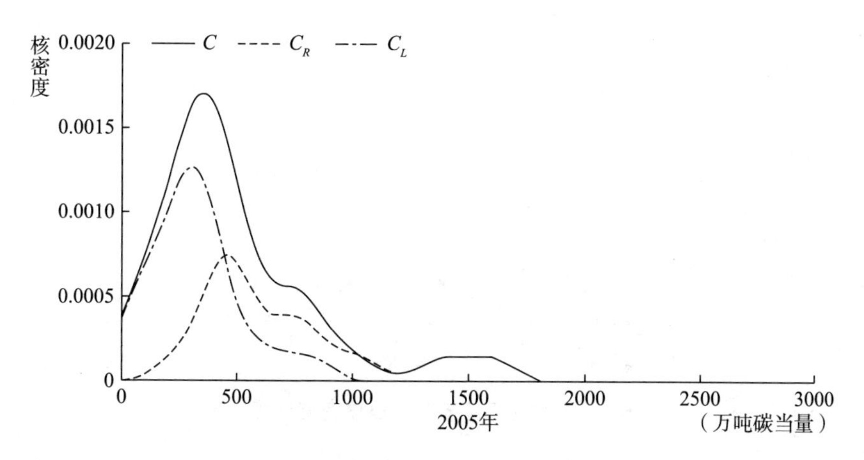

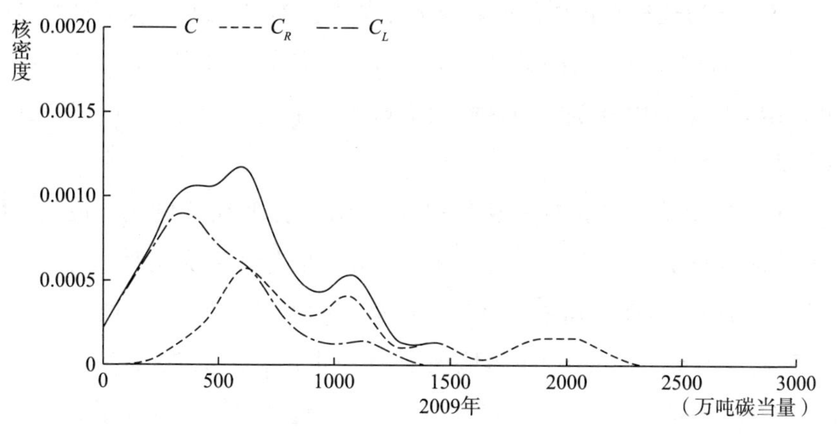

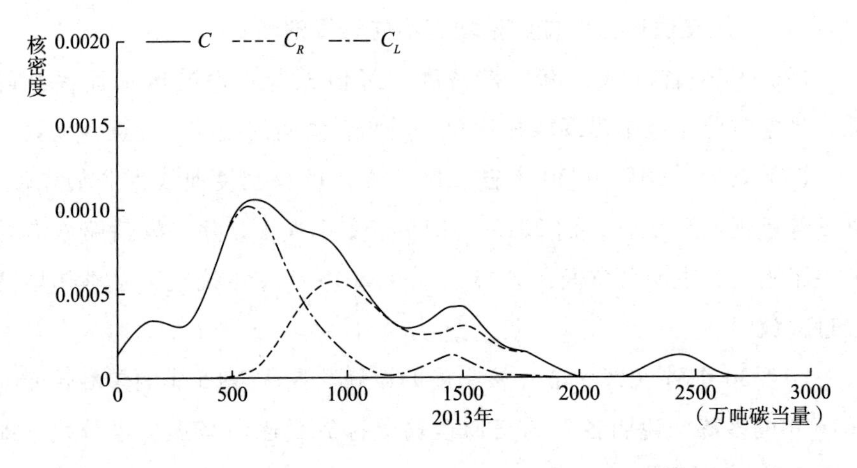

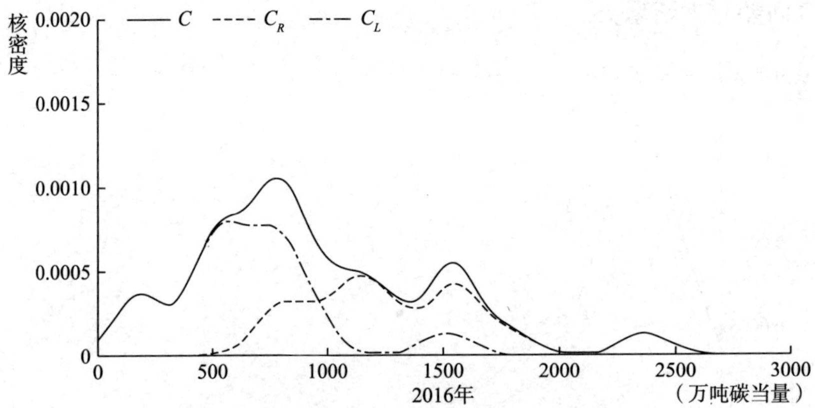

图 5.1　中国交通运输碳排放核密度计算结果

（5）交通运输碳排放量的地区分布与地区 GDP 密切相关，GDP 较高的 13 个区域明显有较大的碳排放量，GDP 较低的区域碳排放量较小，但 2013 年后少量 GDP 较低的地区也具有较高的碳排放量（大于 1500 万吨碳当量）。

（6）GDP 高的地区的核密度曲线较 GDP 低的地区更宽，说明 GDP 高的地区具有更显著的差异性，且多极分化的趋势更为明显。

（7）2013 年之后所有 GDP 高的地区的交通运输碳排放量均大于 500 万吨碳当量，而 GDP 低的地区中仍有部分地区从 2005 年之后一直处于 500 万吨碳当量以下，说明在碳排放量整体增加的前提下，地区间差异主要来源于部分 GDP 低的地区的碳排放量没有随其他地区一同增长。

总结来说，研究期内中国交通运输碳排放量逐渐升高，区域差异日益增大。2005 年大部分地区的碳排放量为 350 万吨碳当量左右；至 2016 年，大部分地区碳排放量约为 750 万吨碳当量，部分地区碳排放量约为 1550 万吨碳当量，还有极少地区碳排放量高达 2370 万吨碳当量。GDP 与各地区交通运输碳排放量密切相关，GDP 较高地区的碳排放量在所有时间段都高于 GDP 较低的地区，且随着时间变化整体提高；GDP 较低的地区里有许多地区的碳排放量止步不前。GDP 较高地区和较低地区碳排放量的内部差异在研究期内一直较大。

（三）中国交通运输碳排放强度动态演进过程实证分析

中国交通运输碳排放强度核密度计算结果如图 5.2 所示，I、I_R和 I_L 的核密度分布曲线特征如下。

（1）研究期内中国交通运输碳排放强度的核密度曲线整体向左移动，能源强度的范围从［0.02，0.12］变为［0，0.1］，说明在此期间中国各省（区、市）的交通运输碳排放强度均有不同程度的下降。

（2）2005—2013 年中国 30 个省（区、市）核密度的峰值随着年份的增加而逐渐升高，2013—2016 年峰值略有下降，整体分布范围明显变窄，说明各省间的差异正在逐渐缩小。

（3）研究期内，30 个省（区、市）的核密度曲线形状如宽度、高度等变化十分明显，2013—2016 年的变化差异相对较小，说明各省间的差异已经在 2013 年基本确立，且整体增速较过去放缓。

（4）30 个省（区、市）核密度的波峰数量从 2005 年的双峰转变为 2009 年的三峰，最后变为 2016 年的双峰，说明各省（区、市）的交通运输碳排放强度先从两极分化转变为多极分化，后稳定在两极分化的状态，经历了各地区差异先增大后减小的过程，但总体差异仍呈两极分化的状态。

（5）交通运输碳排放强度的地区分布与地区 GDP 密切相关，GDP 较高区域的波峰明显落在 GDP 较低区域的左边，即 GDP 较高地区里有更多碳排放强度低的地区，GDP 较低地区里有更多碳排放强度高的地区。

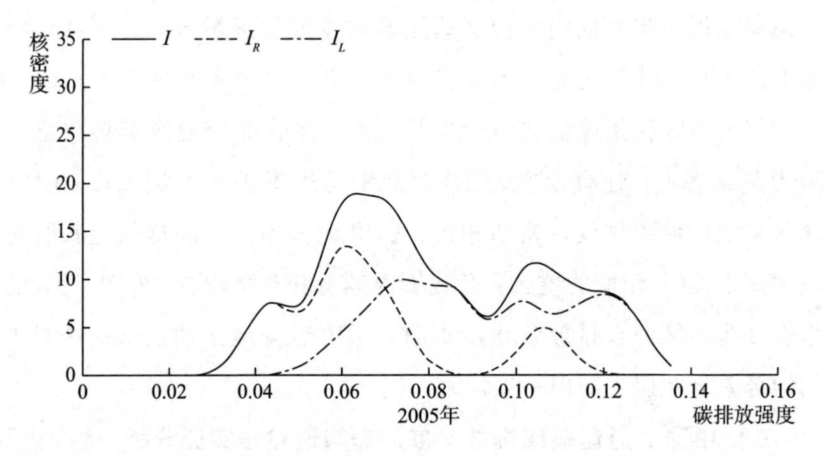
核密度
35
30
25
20
15
10
5
0
I I_R I_L
0 0.02 0.04 0.06 0.08 0.10 0.12 0.14 0.16
2005年
碳排放强度

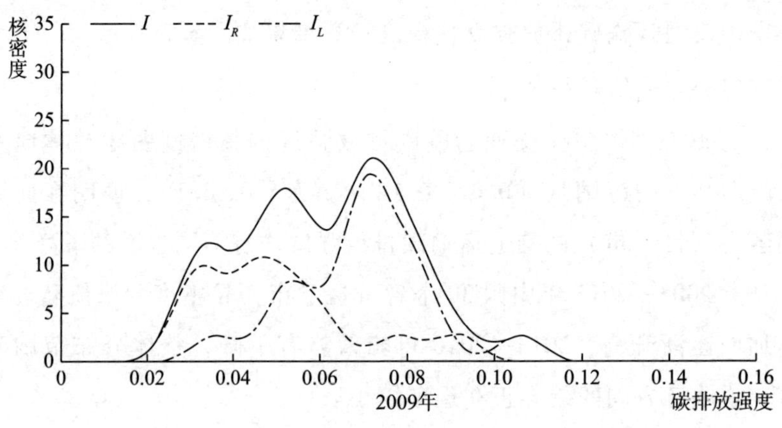
核密度
35
30
25
20
15
10
5
0
I I_R I_L
0 0.02 0.04 0.06 0.08 0.10 0.12 0.14 0.16
2009年
碳排放强度

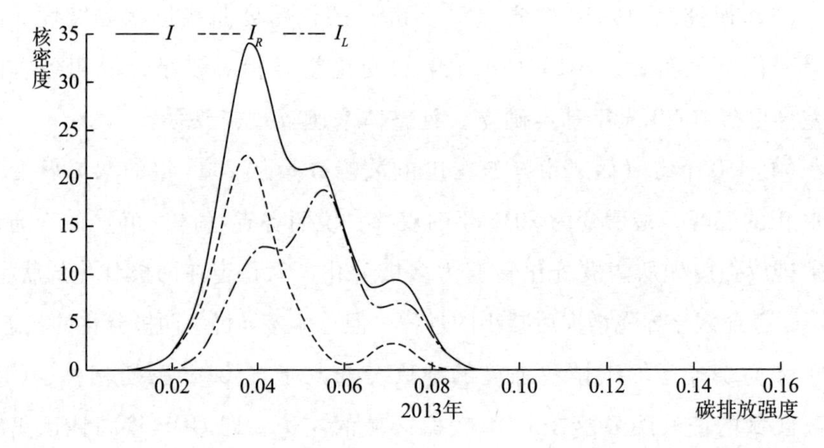
核密度
35
30
25
20
15
10
5
0
I I_R I_L
0.02 0.04 0.06 0.08 0.10 0.12 0.14 0.16
2013年
碳排放强度

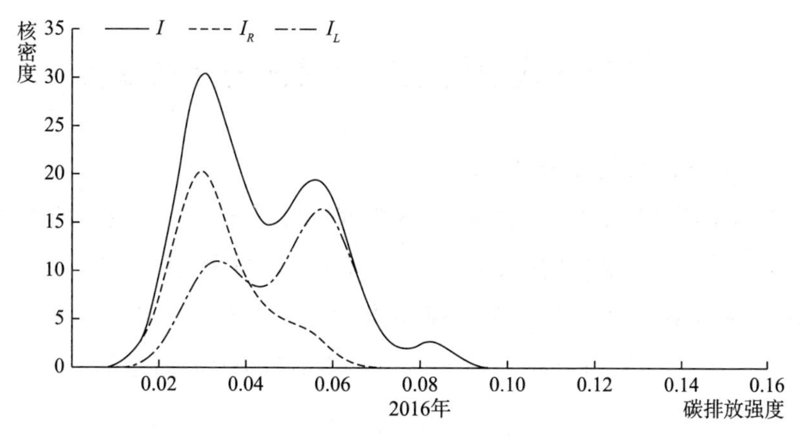

图 5.2　中国交通运输碳排放强度核密度计算结果

（6）GDP 较高地区的碳排放强度核密度曲线宽度略窄于 GDP 较低地区，且 GDP 较高区域逐渐从多峰变为单峰，而 GDP 较低区域一直都是多峰状态，说明 GDP 较高的地区具有更小的差异，GDP 较低的地区多极分化的趋势更为明显。

（7）2016 年之后所有 GDP 较高的地区交通运输碳排放强度均小于 0.07，而 GDP 较低的地区中仍有部分地区一直大于 0.08，说明在能源强度整体下降的前提下，地区间差异主要来源于部分 GDP 低的地区的碳排放强度没有随其他地区一同下降。

总结来说，研究期内中国交通运输碳排放强度逐渐降低，2005—2013 年区域差异日益缩小，2013—2016 年区域差异有些许增大。2005 年大部分地区碳排放强度为 0.065 左右，部分为 0.105 左右；至 2016 年，大部分地区碳排放强度约为 0.03，部分地区碳排放强度约为 0.055，还有极少地区碳排放强度大于 0.08。GDP 与各地区交通运输碳排放强度密切相关，虽然以 GDP 划分的两种地区碳排放强度取值范围相似，但 GDP 较高地区的碳排放强度在所有时间段都有更多地区低于 GDP 较低的地区；GDP 较低的地区里也存在部分地区的碳排放强度与全国最发达地区的强度水平齐平。GDP 较高地区碳排放强度的内部差异一直低于 GDP 较低的地区。

二　中国交通运输碳排放空间差异性分析

（一）泰尔系数嵌套法

泰尔系数常用来分析国家或地区之间的收入差异，将收入的总体差异分解为区内差异和区间差异，这样便可从多个角度进行分析（胡渊等，2016）。本章将泰尔系数引入资源环境领域，用来衡量中国各省（区、市）交通运输碳排放的差异。泰尔系数嵌套分解的计算过程如下：

$$TH = \sum_{i}\left(\frac{C_i}{C}\right)\ln\left(\frac{C_i/C}{T_i/T}\right) \tag{5.3}$$

公式（5.3）中，TH 代表全国 30 个省（区、市）的泰尔系数；C 是这 30 个省（区、市）的交通运输碳排放之和，与前文的全国交通运输碳排放总量的值不一样；同理，T 是这 30 个省（区、市）的交通运输换算周转量之和，与前文的全国交通运输换算周转量的值不同。i 代表各省（区、市），即 $i=30$，那么 C_i 是第 i 个省（区、市）的交通运输碳排放量，T_i 是第 i 个省（区、市）的交通运输换算周转量。

$$TH_j = \sum_{ij}\left(\frac{C_{ij}}{C_j}\right)\ln\left(\frac{C_{ij}/C_j}{T_{ij}/T_j}\right) \tag{5.4}$$

公式（5.4）中，j 代表不同的区域，本书将所有省（区、市）按 2016 年 GDP 分为了 GDP 较高（组内有 13 个地区，用下标 R 表示）的组和 GDP 较低（组内有 17 个地区，用下标 L 表示）的组；TH_j 代表两个不同区域内部的泰尔系数，即 GDP 较高区域的泰尔系数是 TH_R，GDP 较低区域的泰尔系数是 TH_L。

$$TH_b = \sum_{ij}\left(\frac{C_j}{C}\right)\ln\left(\frac{C_j/C}{T_j/T}\right) \tag{5.5}$$

公式（5.5）中，TH_b 代表 GDP 较高区域和 GDP 较低区域间交通运输碳排放的泰尔系数，可以描述两个区域间的差异。

$$TH_w = \sum_{ij}\left(\frac{C_{ij}}{C}\right)\ln\left(\frac{C_{ij}/C_j}{T_{ij}/T_j}\right) \tag{5.6}$$

公式（5.6）中，TH_w代表两个区域内部交通运输碳排放的泰尔系数，即可以描述两个区域内部的差异。

$$TH = TH_b + TH_w \tag{5.7}$$

如公式（5.7）所示，全国总体的泰尔系数为两个区域组之间泰尔系数和区域组内部泰尔系数的和。在嵌套分解的计算结果中，泰尔系数的取值范围为［0，1］，其值越大说明研究区域的差异越大。

（二）中国交通运输碳排放空间差异性实证分析

图5.3展示了2005—2016年中国交通运输碳排放的泰尔系数的计算结果。由图5.3可知，研究期内中国交通运输碳排放的泰尔系数（*TH*）在0.137和0.274之间波动，总体水平较低，说明中国30个省（区、市）的交通运输碳排放强度（指单位周转量的交通运输碳排放）区域差异较小。2005—2008年，*TH*的值缓慢上升，在2008年达到研究期内的最大值，说明这期间全国各省（区、市）的内部差异在不断增大。2009年是一个转折年，在这一年中国采取了全国范围的积极的碳减排措施，2009年*TH*的值骤降至0.207，并一直下降至2013年，达到研究期内最低水平0.137，说明在这期间全国各地区采取了相似的碳减排措施，且都取得了明显的交通运输减排效果，导致区域差异逐渐缩小。2015—2016年*TH*的值却逐渐增大，说明2013年以后各省（区、市）之间的碳排放强度差异逐渐增大，这可能是经过一段时间的统一行动后，各省（区、市）的碳排放强度已达到较优化的水平，若要进一步提高将需要更大成本，因此各地区碳排放强度的表现在此时产生差别，差异逐年拉大。根据前文的研究成果可知，2016年GDP较高的地区大部分都表现出较低的碳排放强度，而北京和四川例外，它们的强度是全国30个省（区、市）中最高的两地，且北京的强度远高于四川，是四川的两倍，这直接导致GDP较高地区内部差异日益扩大，即TH_R的值逐渐增大；而GDP较低的地区碳排放强度各种等级都有，数量较为均衡，表现为区域内部发展差异较小，即TH_L的值逐渐减小。

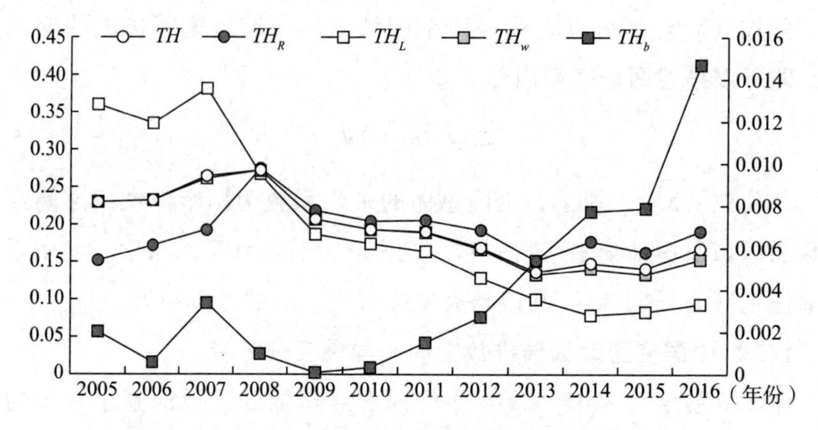

图 5.3 2005—2016 年中国交通运输碳排放的泰尔系数

注：右轴表示 TH_b，左轴表示其他泰尔系数。

GDP 较低地区和 GDP 较高地区内部的泰尔系数变化验证了前文的分析。研究期内，TH_L的值逐渐下降，说明 GDP 较低地区的碳排放强度差异在逐渐减小；TH_R的值先逐渐变大，2008 年到达最大值 0.276（甚至高于 TH 的最大值）后缓慢下降，2013 年后在波动中有所上升，说明 GDP 较高地区的碳排放强度差异波动较大，经历了先变大后变小又波动增大的过程。2008 年是一个明显的分界线，在这之前 TH_L的值一直大于 TH_R的值，说明 GDP 较低地区的内部差异大于 GDP 较高地区。但 2008 年以后，关系却完全相反，TH_L的值一直小于 TH_R的值，说明 GDP 较低地区的内部差异开始小于 GDP 较高地区。两条曲线的距离在 2008 年之前都较大，最大相差 0.208，在 2008 年达到最小值 0.008，之后距离在 0.030 和 0.099 之间的小范围内波动增加，总体来说它们的距离经历了先变小后逐渐变大的过程，说明两组区域内部的差异也经历了先变小后逐渐变大的过程，且 GDP 较高地区的泰尔系数在 2008 年后一直高于全国泰尔系数。

由公式（5.7）可知，全国泰尔系数（TH）的值等于两组区域内部泰尔系数（TH_w）和两组区域间泰尔系数（TH_b）的加总。研究期内，TH_w的值与全国泰尔系数的值十分接近，说明全国 30 个省（区、市）的差异主要来自按 GDP 区分的两组区域内部的差异。两个区域间的泰尔系数的值一直都很小，说明两组区域间的差异较小；但 TH_b 的变化趋势非常剧烈，2009 年前在 0.002 附近震荡，但在 2009 年到达最小值后急速增大，至 2016 年增长 189 倍，达到最大值 0.015，说明 2009 年前两组区域间的差异变化不大，差异逐渐扩大的情况出现在 2009 年以后，这与 TH_R 和 TH_L 的曲线变化方向一致。

总结来说，研究期内，全国 30 个省（区、市）的碳排放强度差异较小，并在 2008 年后继续减小。全国的差异主要来自按 GDP 区分的两组区域内部的差异，区域间的差异微乎其微，但在 2009 年后有逐渐增大的趋势。GDP 较高地区的内部差异经历了先逐渐增大且一直小于全国差异，2008 年后逐渐减小且大于全国差异的过程；GDP 较低地区的内部差异在研究期内一直减小，且 2009 年后小于全国差异。这些变化说明以周转量来评价的碳排放强度区域差异较小，结合第三章第五节中对碳排放效率的研究成果，这种强度的变化也很小，尤其是 GDP 较低的地区。但 GDP 较高地区的内部差异正逐渐增大，结合前文的研究成果，说明其中有部分区域正在积极转型，但北京、四川等地的碳排放强度却在增大，必须采取最严格的手段，遏制这种恶化趋势。

三　本章小结

本章通过分析中国交通运输碳排放的空间演变特征，得到以下主要结论。

第一，通过核密度估计方法发现，研究期内中国交通运输碳排放逐渐升高，区域差异日益增大；GDP 与各地区交通运输碳排放量密切相关，GDP 较高地区的碳排放在所有时间段都高于 GDP 较低的地区，且随着时间变化整体提高；GDP 较低的地区里有许多地区的碳排放在研究期内一直保持较低水平。GDP 较高地区和较低地区碳排放的内部差异在研究期内一直较大。中国交通运输碳排放强度逐渐降低，2005—2013 年区域差异日益缩小，2013—2016 年区域差异有些许增大；GDP 与各地区交通运输碳排放强度密切相关，虽然以 GDP 划分的两组地区碳排放强度取值范围相似，但 GDP 较高地区的碳排放强度在所有时间段都有较多地区低于 GDP 较低的地区；GDP 较低的地区里也存在部分地区的碳排放强度与全国最发达地区的水平齐平。GDP 较高地区碳排放强度的内部差异一直低于 GDP 较低的地区。

第二，通过泰尔系数嵌套法发现，研究期内全国 30 个省（区、市）的交通运输碳排放强度差异较小，并在 2009 年后继续缩小。全国的差异主要来自按 GDP 区分的两组区域内部的差异，区域间的差异微乎其微，但在 2009 年后有逐渐增大的趋势。GDP 较高地区的内部差异经历了先逐渐增大且一直小于全国差异，2008 年后逐渐减小且大于全国差异的过程。GDP 较低地区的内部差异在研究期内一直减小，且 2009 年后小于全国差异。

第　六　章

中国交通运输碳排放驱动因素分析

一　Kaya 恒等式

（一）Kaya 恒等式的含义

在 IPCC 的研讨会上，来自日本的 Yoichi Kaya 教授首次提出了“Kaya 恒等式”，将人类活动碳排放与人口、经济和能源消费联立，展现影响碳排放的几个驱动因素，建立了一个简洁而巧妙的等式，它在资源与环境领域得到广泛的利用（Kaya，1989）。其最初表达式为：

$$CO_2 = \frac{CO_2}{E} \times \frac{E}{GDP} \times \frac{GDP}{P} \times P = f \times e \times g \times P \tag{6.1}$$

其中，CO_2为二氧化碳排放量，E 为一次能源消费总量，GDP 代表国内（或区域）生产总值，P 代表国内（或区域内）人口总量。因此，碳排放系数 f（CO_2/E）、能源强度 e（E/GDP）、人均 GDP g（GDP/P）和人口 P 便成为碳排放的四个驱动因素。公式（6.1）不仅能将碳排放总量进行驱动因素的分解，还可以量化计算出各驱动因素的贡献值，可为理解区域碳排放和其他因素的作用机制、制定气候行动的具体方针、寻找碳排放责任落脚处等提供科学依据。

Kaya 恒等式不仅易于理解、便于操作，实用性也很强，IPCC 第四次评估报告使用了它进行温室气体排放驱动因素分析（Solomon et al.，2007）；目前国际能源署定期发布的来自燃料燃烧的 CO_2 排放，也包含了这个经典的 Kaya 恒等式的测算（IEA，2015，2016）。这些国际官方机构对 Kaya 恒等式的运用，肯定了它在寻找碳排放驱动因素及其贡献量方面的权威性。

表 6.1 选取了 IEA 报告中世界及部分国家或地区的碳排放驱动因素分解结果来做简单示意和分析（IEA，2016）。所有数据都以 1990 年为参照年，设 1990 年的数据为 100，则世界及部分国家或地区的分解结果如表 6.1 所示。

表 6.1 基于 Kaya 恒等式分解的世界及部分国家或地区碳排放和驱动因素

国家或地区	因素	1975年	1980年	1985年	1990年	1995年	2000年	2005年	2010年	2011年	2012年	2013年
世界	CO_2	75	86	89	100	104	113	131	145	152	153	156
	P	77	84	92	100	108	115	123	130	132	133	135
	GDP/P	80	90	93	100	104	116	132	149	154	157	160
	E/GDP	115	109	104	100	94	85	81	75	74	73	71
	CO_2/E	107	105	101	100	99	99	100	99	101	100	101
OECD 国家	CO_2	89	96	94	100	104	113	116	112	110	109	109
	P	88	92	96	100	104	108	112	116	117	117	118
	GDP/P	70	80	88	100	107	122	132	134	136	137	138
	E/GDP	130	122	109	100	97	89	83	77	74	72	72
	CO_2/E	111	107	103	100	97	97	96	94	94	94	93
非 OECD 国家	CO_2	59	74	83	100	103	112	147	183	200	205	212
	P	74	82	91	100	109	117	126	134	136	137	139
	GDP/P	82	95	95	100	104	118	148	193	202	210	218
	E/GDP	98	94	98	100	90	80	75	67	67	66	64
	CO_2/E	99	101	98	100	101	100	105	105	109	107	109
中国内地（不含香港）	CO_2	50	66	78	100	137	149	245	325	386	390	411
	P	80	86	92	100	105	111	114	118	118	118	119
	GDP/P	37	48	74	100	169	244	377	622	680	726	776
	E/GDP	185	167	116	100	67	49	47	39	40	39	37
	CO_2/E	90	96	98	100	114	112	120	115	120	117	119

续表

国家或地区	因素	1975年	1980年	1985年	1990年	1995年	2000年	2005年	2010年	2011年	2012年	2013年
中国香港	CO_2	33	44	67	100	110	121	124	126	137	135	138
	P	78	89	96	100	108	117	119	123	124	125	126
	GDP/P	39	59	72	100	120	126	152	178	186	186	191
	E/GDP	139	102	110	100	95	106	82	72	74	71	67
	CO_2/E	78	82	88	100	89	77	84	80	80	82	86

从表6.1中可知，1975—2013年，世界碳排放总量增长了超过1倍，人均GDP（GDP/P）和人口（P）两个因素对世界碳排放的贡献量变化最大，分别增长了1倍和0.75倍；碳排放系数（CO_2/E）的贡献量则相对平稳，能源强度（E/GDP）的影响则逐渐减小。各国家或地区的驱动因素变化规律与世界的结果相似，但是非OECD国家的变化比OECD国家的变化更剧烈，中国香港的变化介于二者之间，但中国内地（不含香港）的变化最甚，碳排放增长了超过7倍，人均GDP的贡献量增长了约20倍，人口的贡献量增长了约49%。

（二）Kaya恒等式的扩展

Kaya恒等式的优点显而易见，结构简单巧妙，易于计算。随着研究的逐步深入和能源环境问题的复杂化，学者们根据自己的研究特点和重点，将此公式扩展为包含更多变量、可以考察更多驱动因素的Kaya恒等式模型。个性化的Kaya恒等式的扩展应遵循以下几个原则。

（1）在数理方面，应遵循数学原理，引入或减少变量时，保持等式左右两边始终平衡。

（2）在因素分解方面，应严格考察研究对象和驱动因素之间的理论关系，保证每个因素都对研究对象有实际意义的影响，然后采纳。

有的学者还将Kaya恒等式与其他模型结合，演变成各种个性鲜明的分解模型，用于分析各种具体情境的问题。例如通过对公式（6.1）进行简单的对数变换，可以得到公式（6.2）（袁路、潘家华，2013）：

$$\ln\frac{\Delta CO_2}{CO_2} = \ln\frac{\Delta f}{f} + \ln\frac{\Delta e}{e} + \ln\frac{\Delta g}{g} + \ln\frac{\Delta P}{P} \tag{6.2}$$

公式（6.2）可以反映碳排放量变化幅度和驱动因素变化幅度之间的关系。加上更深入的指数分解方法，便可以进一步精确计算各因素导致的总排放量变化。本章将扩展的 Kaya 恒等式与对数平均迪氏指数分解法（Logarithmic Mean Divisia Index，LMDI）联立进行分析。

二 中国交通运输碳排放驱动因素分解模型

（一）LMDI 驱动因素分解模型概述

驱动因素分解模型可以将研究对象的变化分解为多个要素对其的贡献量，从而探索使研究对象变化的驱动因素、变化特征和各种因素对其产生作用的机理，被广泛用于资源环境领域，可协助科研人员或政策决策者探索资源环境要素变化的机理、度量已有政策的实施效果等。常用的分解模型如图 6.1 所示，主要包括结构分解法和指数分解法。

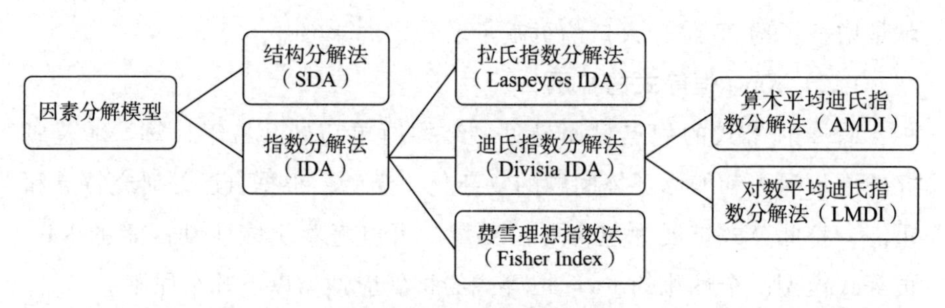

图 6.1 因素分解模型流派

2004 年，Ang（2004）梳理了各种因素分解模型的理论基础、适用条件、计算简易性、结果合理性等。结合他的研究成果和本书的目标总结如下：在进行中国交通运输碳排放的驱动因素分解时，结构分解法对数据要求较高，必须使用完整的投入产出数据才能计算，而一个国家投入产出表的发布往往具有延迟性，这种延迟性有时可长达 5 年，因此 SDA 研究的时效性较差；指数分解法中，拉氏指数分解法的残差项无法忽略，否则会严重影响结果，这是一种天生的模型缺陷，不适合采用，尤其是中国这种社会经济数据变动极大的发展中国家。而对数平均迪氏指数分解法由于具有计算结果不含残差、计算过程可实现加法分解和乘法分解的转换、驱动因素变化量之和等于研究对象变化量、数据来源广泛等优点，因素分解操作更为简便、结果更令人信服，被越来越多地运用于分析资源环境领域各种对象的驱动因素，如对欧盟（González et al.，2014）、西班牙（Cansino et al.，2015）、希腊（Hatzigeorgiou et al.，2008）、伊朗（Mousavi et al.，2017）等国家或地区全行业领域 CO_2 排放驱动因素的分析，还可用于区域间的比较（Moutinho et al.，2018）；对能源消费量驱动因素的分析（Wang and Feng，2018；Wang et al.，2014；Xu et al.，2014），包括煤炭（Chong et al.，2015）、可再生能源（Moutinho et al.，2018）；对各种行业驱动因素的分析，包括工业碳排放（Zhao et al.，2010a）、化工业碳排放（Lin and Long，2016）、科技产品制造业碳排放（Shao et al.，2016）、发电行业碳排放（Yang and Lin，2016）、农业用水量（Zhao and Chen，2014）、工业硫排放（Zhao and Chen，2014）等。事实上，由于 LMDI 模型只能对变量进行揭示，尤其适合运用在碳排放量高速增长的发展中国家，所以十分契合本书的研究对象。

目前已经有许多综合利用扩展的 Kaya 恒等式和 LMDI 模型针对交通运输领域能源消费碳排放驱动因素的研究。这些研究通常分为“自下而上”和“自上而下”两种路径，两种方法各有优劣，使用者都很多。

“自下而上”路径指的是通过各种类型交通运输工具的周转量、行驶里程、能耗系数和碳排放强度等微观数据，折算各种交通工具的能源消费和碳排放情况，如 Papagiannaki 和 Diakoulaki（2009）对希腊和丹麦客运汽车 CO_2 排放现状和驱动因素的分析，Timilsina 和 Shrestha（2009）对 12 个亚洲国家交通运输 CO_2 排放现状、驱动因素和政策建议的分析，高洁（2013）对全国交通行业碳排放时空演变和驱动因素的分析，庄颖和夏斌（2017）对广东省交通运输 CO_2 排放的驱动因素分析等。这种方法优点很明显，即可以比较准确地反映交通运输结构和各种交通运输工具的能源、碳排放等数据，对于详细分析交通运输业存在的问题十分有利。它的缺点也同样突出，首先是对数据要求高，获取较为困难，例如各种交通工具的能耗系数、碳排放强度、行驶里程等，无法在公开出版的统计年鉴中直接获取；这些数据往往是通过推算、问卷调查结果统计得出，准确度不高，可能会影响计算结果。使用这种方法时，应注意结合能源平衡表、交通运输工具周转量和交通工具保有量等辅助数据来检验计算过程、验证计算结果。而蔡博峰等（2012）研究中国交通运输二氧化碳排放时使用了两种核算方法后发现误差在50%以上。

“自上而下”路径指的是，从宏观数据推算微观的情况，如通过能源平衡表中的终端能源消费量或投入产出表中的不同能源消费量来测算交通运输领域碳排放，结合宏观的全国或部门经济指标来分析，并根据所消耗能源的类型来推算交通运输结构和全局影响因素，例如姚丽敏（2016）对陕西省交通运输行业碳排放和Zhao等（2016）对广东省交通运输碳排放的分解方法。这种方法的缺点是只能获取交通运输行业的终端能源消费量，而这只是交通运输领域的部分内容，不能反映各种交通工具的能源消费和碳排放状况，无法具体描述研究区的交通结构。“自上而下”路径的优点也很明显，数据容易获取，可直接通过《中国能源统计年鉴2018》、《中国统计年鉴2018》和各区域统计年鉴进行查询，且能源消费数据全面、准确，适合宏观、全局性的研究分析。使用这种方法时，可结合各种交通工具的保有量和周转量等数据来辅助分析交通运输结构，弥补微观层面数据缺失的不足。

结合中国交通运输和能源消费的实际情况，本书将采用“自上而下”的方法进行模型的构建。

（二）中国交通运输碳排放驱动因素选择

考虑到中国交通运输领域、能源消费领域和碳排放领域的实际情况，总结相关研究成果如表6.2所示。本书总结各种潜在的驱动因素后，结合模型等式平衡性和数据可得性，选择了4个类别里共11个驱动因素分解指标来分析中国交通运输碳排放的变动情况。

表 6.2　中国交通运输碳排放驱动因素和指标选择

类别	序号	驱动因素	模型指标	参考文献
能源	1	能源碳含量	碳排放系数	Kaya 恒等式（Kaya，1989）
	2	能源结构	能源结构	Andreoni 和 Galmarini（2012）
	3	能源效率	能源强度	Kaya 恒等式（Kaya，1989）
运输量	4	周转量结构	周转量结构	庄颖和夏斌（2017）
	5	周转量强度	周转量强度	庄颖和夏斌（2017）
社会经济	6	经济水平	人均 GDP	Kaya 恒等式（Kaya，1989）
	7	城镇化水平	人口城镇化率	王文秀（2013）
	8	人口规模	人口规模	Kaya 恒等式（Kaya，1989）
	9	人口集聚度	建成区人口密度	王文秀（2013）
交通设施	10	交通运输用地规模	交通运输用地面积	本书首次采用
	11	交通运输网络通达性	交通运输用地占建成区面积比例	本书首次采用

由表 6.2 可知，能源、运输量和社会经济相关的驱动因素已被许多学者采用，并且发现它们对交通运输碳排放的变动影响明显。除此之外，结合交通运输的特点，本书还创新性地增加了对交通设施的考量，并选用了与之相关的两个影响因素和对应的指标。

交通运输用地规模，指示交通运输基础设施建设的数量、质量等。道路运输需要公路、公交站台、停车场、油气站等设施；铁路运输需要轨道、火车站等设施；水路运输需要码头、港口等设施；航空运输需要机场等设施；即使是不产生碳排放的步行和单车，也需要马路或人行道等设施来承载人们的安全出行。这些设施各不相同，但都需要实体的空间来容纳它们，以实现将交通运输工具与旅客、货物、产业、经济和社会相连。通常来说，一个地区的交通运输用地面积越大，能容纳的交通运输量则越多，那么相应的，此地的社会经济往往越发达，交通运输能源消费量和碳排放也可能上升；还有一种可能是此地的交通运输方式更加多样，则客运和货运都有更多可选的出行方式，低碳交通才有可能发展，尤其是需要较高投入的大容量公共交通工具是理想的低碳客运方式，依赖资金、运输量和通达的交通网络才能良性发展（杨励雅，2007）。

因此，并不是交通运输设施规模越大，交通运输碳排放就越多，还需要考虑交通运输能源消费和周转量的结构与强度等因素。交通运输设施规模与碳排放密切相关，但在中国这两个变量之间的作用机理究竟如何，还需要进一步探究。考虑到数据的可获取性，本书采用交通运输用地面积来表示此因素。

交通运输网络通达性，指示交通运输网络的密度，一方面可以部分反映交通运输用地规模效应，另一方面可以反映交通工具的运输效率。宏观层面上，当交通运输网络越密集，单位时间内可完成的周转量则越多，那么相应的能源消费量和碳排放量就可能上升；与前一个影响因素一样，这种影响还要考虑到能源和周转量的结构与强度，作用机理也是复杂的，需要进一步探究。此外，微观层面上，交通工具的行驶速度和启动次数对能源燃烧效率的影响十分明显，意味着道路拥堵会增加道路运输的碳排放。全球环境基金和中国交通运输部甚至启动了“缓解大城市拥堵减少碳排放”的项目，通过交通需求管理研究提出技术及政策措施，出台了《中国城市交通需求管理手册》《城市交通需求管理典型案例及绩效评价方法》《城市交通碳排放监测与评价体系建设》等，依托苏州、哈尔滨、成都三个城市开展试点。综上，有必要在因素分解模型中考察交通运输设施密度对中国交通运输碳排放的影响，考虑到数据的可获取性，本书采用交通运输用地占建成区面积比例来表示此因素。

（三）中国交通运输碳排放分解模型的构建

交通运输业能源消费碳排放（C）可以表示为公式（6.3）中扩展的 Kaya 恒等式形式。

$$
\begin{aligned}
C &= \sum_{ij} C_{ij} = \sum_{ij} \frac{C_{ij}}{E_{ij}} \cdot \frac{E_{ij}}{E_j} \cdot \frac{E_j}{T_j} \cdot \frac{T_j}{T} \cdot \frac{T}{GDP} \cdot \frac{GDP}{P} \cdot \frac{P}{PU} \cdot \frac{PU}{LC} \cdot \frac{LC}{LT} \cdot \frac{LT}{P} \cdot P \\
&= \sum_{i} f_{ij} \cdot ES_{ij} \cdot EI_j \cdot TS_j \cdot TI \cdot G \cdot UP \cdot LCPD \cdot LTC \cdot LTP \cdot P \qquad (6.3)
\end{aligned}
$$

公式（6.3）中，C 表示交通运输业碳排放；i 表示前文中提到的用于计算交通运输行业碳排放的 9 种能源；j 表示运输形式，包括道路运输、铁路运输、水路运输和航空运输 4 种形式；C_{ij}表示第 i 种能源在

第 j 种运输形式中的碳排放量；E_{ij} 代表第 i 种能源在第 j 种运输形式中的消费量（标准量）；E_j 代表第 j 种运输形式的能源消费量（标准量）；T 是中国交通运输的总换算周转量，则 T_j 代表第 j 种运输形式的换算周转量；GDP 是国内生产总值；P 是人口规模；PU 是城镇常住人口数；LC 代表建成区面积；LT 表示交通运输用地面积。

因此，C 可以表示成第 i 种能源的碳排放系数（f）、交通运输业能源结构（ES）、交通运输业能源强度（单位周转量能源消费量，EI）、周转量结构（TS）、周转量强度（TI）、人均 GDP（G）、人口城镇化率的倒数（令 UP 的倒数为 up，则 up 为人口城镇化率）、建成区人口密度（$LCPD$）、交通运输用地占建成区面积比例的倒数（令 LTC 的倒数为 ltc，则 ltc 是交通运输用地占建成区面积比例）、交通运输用地面积（LTP）和人口规模（P）这 11 个影响因素的乘积。

结合 LMDI 模型分析技术，则 C 的变化量可以写成公式（6.4）的形式，各驱动因素贡献值表示为公式（6.5）和公式（6.6）（Ang，2005）。

$$\begin{aligned}\Delta C &= C^m - C^n \\ &= \Delta C_f + \Delta C_{ES} + \Delta C_{EI} + \Delta C_{TS} + \Delta C_{TI} + \Delta C_G + \Delta C_{UP} + \\ &\quad \Delta C_{LCPD} + \Delta C_{LTC} + \Delta C_{LTP} + \Delta C_P\end{aligned} \tag{6.4}$$

$$w_{ij} = (C_{ij}^m - C_{ij}^n)/(\ln C_{ij}^m - \ln C_{ij}^n) \tag{6.5}$$

$$\Delta C_f = \sum_{ij} w_{ij} \cdot \ln(f_{ij}^m / f_{ij}^n)$$

$$\Delta C_{ES} = \sum_{ij} w_{ij} \cdot \ln(ES_{ij}^m / ES_{ij}^n)$$

$$\Delta C_{EI} = \sum_{ij} w_{ij} \cdot \ln(EI_i^m / EI_i^n)$$

$$\Delta C_{TS} = \sum_{ij} w_{ij} \cdot \ln(TS_i^m / TS_i^n)$$

$$\Delta C_{TI} = \sum_{ij} w_{ij} \cdot \ln(TI^m / TI^n)$$

$$\Delta C_G = \sum_{ij} w_{ij} \cdot \ln(G^m / G^n)$$

$$\Delta C_{UP} = \sum_{ij} w_{ij} \cdot \ln(UP^m / UP^n)$$

$$\Delta C_{LCPD} = \sum_{ij} w_{ij} \cdot \ln(LCPD^m / LCPD^n)$$

$$\Delta C_{LTC} = \sum_{ij} w_{ij} \cdot \ln(LTC^m / LTC^n)$$

$$\Delta C_{LTP} = \sum_{ij} w_{ij} \cdot \ln(LTP^m / LTP^n)$$
$$\Delta C_P = \sum_{ij} w_{ij} \cdot \ln(P^m / P^n) \tag{6.6}$$

其中，上标 m 和 n 表示时间，分别代表目标年份（较晚的）和初始年份（较早的）。为了更详细解释 C 的变化，本章将结合使用“初始基年”（$n = 2000$ 年）和“相对基年”（$n = m - 1$）两个视角来共同考察 C 及其影响因素（Zhao et al.，2016）。ΔC 代表目标年 m 和初始年 n 之间的 C 变化量，可表示为 11 个驱动因素变化量的函数之和，即 ΔC_f、ΔC_{ES}、ΔC_{EI}、ΔC_{TS}、ΔC_{TI}、ΔC_G、ΔC_{UP}、ΔC_{LCPD}、ΔC_{LTC}、ΔC_{LTP} 和 ΔC_P，它们分别对应碳排放系数效应、能源结构效应、能源强度效应（单位周转量能源消费变化量效应）、周转量结构效应、周转量强度效应、人均 GDP 效应、人口城镇化的倒数效应、建成区人口密度效应、交通运输用地比例的倒数效应、交通运输用地面积效应和人口规模效应。各影响因素的变化量，便是其对 ΔC 的贡献量。

由于本章进行碳排放核算时使用的是 IPCC 碳排放系数法，各种能源碳排放系数 f_i 默认为常量，在研究时间段内保持不变，因此除电力（第 9 种能源）以外其他能源的碳排放系数变化量为 0，则 $\Delta C_f = \Delta C_{f9}$。设 up 为 UP 的倒数，则 up 是人口城镇化率；设 ltc 为 LTC 的倒数，则 ltc 是交通运输用地占建成区面积比例，因此 ΔC_{up} 代表人口城镇化效应，ΔC_{ltc} 代表交通运输用地比例效应，那么 $\Delta C_{up} = -\Delta C_{UP}$，$\Delta C_{ltc} = -\Delta C_{LTC}$。因此，公式（6.6）最后可表示为公式（6.7）：

$$\Delta C = \Delta C_{f9} + \Delta C_{ES} + \Delta C_{EI} + \Delta C_{TS} + \Delta C_{TI} + \Delta C_G - \Delta C_{up} + \Delta C_{LCPD} - \Delta C_{ltc} + \Delta C_{LTP} + \Delta C_P \tag{6.7}$$

三 中国交通运输碳排放分解模型实证分析

本章将结合使用“初始基年”（$n = 2000$ 年）和“相对基年”（$n = m - 1$）两个视角来共同考察中国交通运输碳排放驱动因素的变化。

（一）中国交通运输碳排放分解模型计算结果

1. 相对基年视角

中国交通运输碳排放相对基年视角的 LMDI 驱动因素分解结果如图 6.2 和表 6.3 所示。研究期内，中国交通运输碳排放每年都在增长，年均增长量为 1191.19 万吨，并经历了三个特征明显的阶段。

2001—2004 年，自然增长阶段，碳排放年增长量高速增加，短短五年内年增长量从 318.56 万吨碳当量跃增至 1957.95 万吨碳当量，是中国交通运输高速发展但无低碳减排政策调控约束的自然发展状态的表现。

2005—2009 年，约束调控阶段，碳排放年增长量逐年降低，从 1002.67 万吨碳当量下降至 556.44 万吨碳当量，但与此同时，中国的交通运输周转量并没有减少，反映了中国在技术进步和低碳减排政策调控约束下的情况。

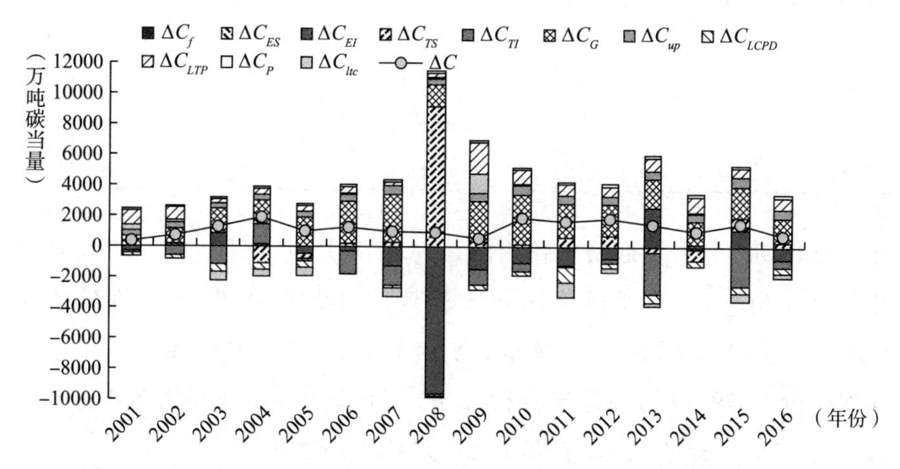

图 6.2　2001—2016 年中国交通运输碳排放相对基年驱动因素分解结果

2010—2016 年，调控瓶颈阶段，碳排放年增长率反弹，2010 年迅速增长至 1870.83 万吨碳当量，并一直保持高增速水平，说明中国的节能减排行动进入深水区，需要探索更根本的技术和政策措施。

表 6.3 2001—2016 年中国交通运输碳排放相对基年驱动因素贡献率

单位：%

年份	ΔC	ΔC_f	ΔC_{ES}	ΔC_{EI}	ΔC_{TS}	ΔC_{TI}	ΔC_G	ΔC_{up}	ΔC_{LCPD}	ΔC_{ltc}	ΔC_{LTP}	ΔC_P
2001	100	-3.8	1	-22	-74	-38	217	107	-62	122	290	19
2002	100	0.7	-5	11	16	-69	137	48	-44	23	115	8
2003	100	0.9	6	59	-6	-89	124	29	-35	-43	21	5
2004	100	-0.4	-1	8	-56	69	78	18	-22	-19	21	4
2005	100	3.1	-6	-44	-33	-14	187	39	-43	-45	37	8
2006	100	1.6	1	-29	15	-113	218	36	2	2	36	6
2007	100	-2.9	4	-133	25	-128	326	55	-21	-52	24	8
2008	100	-1.8	-4	-1050	1004	-13	156	43	10	-4	29	9
2009	100	9.2	8	-268	49	-187	473	88	-48	231	367	15
2010	100	-3.5	3	-54	9	-31	172	32	-12	5	49	5
2011	100	2.5	2	-74	34	-2	131	31	-65	-53	44	6
2012	100	-0.7	2	-40	39	-17	111	30	-17	-14	33	6
2013	100	-0.9	1	179	-25	-190	128	36	-36	-13	59	8
2014	100	-9.4	1	-10	-72	19	158	50	-39	14	102	13
2015	100	-0.7	1	73	52	-169	134	41	-29	-33	37	8
2016	100	2.8	6	-111	33	-67	216	81	-51	-34	98	21
平均	100	-0.2	1	-94	63	-65	185	48	-32	5	85	9

研究期内，一直起增排作用的是人均 GDP 效应（ΔC_G）、人口城镇化效应（ΔC_{up}）、交通运输用地面积效应（ΔC_{LTP}）和人口规模效应（ΔC_P），它们的平均增排贡献量分别为 1946.66 万吨碳当量、472.89 万吨碳当量、699.17 万吨碳当量和 92.82 万吨碳当量，平均贡献率分别为 185%、48%、85%和 9%，其中 ΔC_G增排作用最显著。

其他 7 个驱动因素在研究期内的贡献效果有所反复，平均年贡献量为正，即平均起到增排作用的有能源结构效应（ΔC_{ES}）、周转量结构效应（ΔC_{TS}）和交通运输用地比例效应（ΔC_{ltc}），平均贡献量分别为 15.18 万吨碳当量、605.78 万吨碳当量和 118.16 万吨碳当量，它们的平均贡献率分别为 1%、63%和 5%。平均年贡献量为负，即起到碳减排作用的有碳排放系数效应（ΔC_f）、能源强度效应（ΔC_{EI}）、周转量强度效应（ΔC_{TI}）、建成区人口密度效应（ΔC_{LCPD}），对交通运输碳减排的贡献量分别为4.57万吨碳当量、779.23万吨碳当量、685.44万吨碳当量、344.44万吨碳当量，它们的平均贡献率分别为0.2%、94%、65%、32%。

2. *初始基年视角*

中国交通运输碳排放初始基年视角的LMDI驱动因素分解结果如图6.3和表6.4所示。

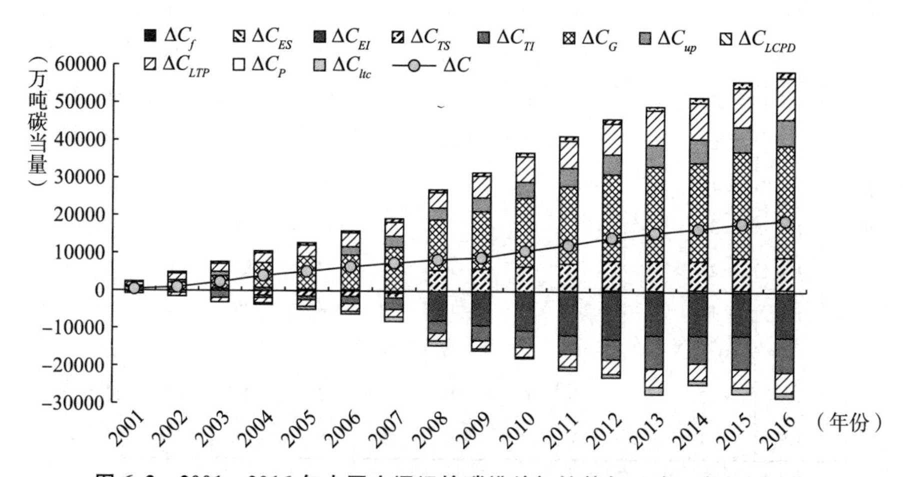

图6.3　2001—2016年中国交通运输碳排放初始基年驱动因素分解结果

2001—2016年中国交通运输碳排放累计增加19059万吨碳当量，研究期内一直起增排作用的4个驱动因素和相对基年视角一样，有人均GDP效应（ΔC_G）、人口城镇化效应（ΔC_{up}）、交通运输用地面积效应（ΔC_{LTP}）和人口规模效应（ΔC_P），它们的累计增排贡献量分别为29525.65万吨碳当量、7157.09万吨碳当量、10933.59万吨碳当量和1355.75万吨碳当量，累计贡献率分别为155%、38%、57%和7%，其中ΔC_G增排作用最显著。一直起碳减排作用的有周转量强度效应（ΔC_{TI}）和建成区人口密度效应（ΔC_{LCPD}），它们的累计碳减排贡献量分别为9271.77万吨碳当量和5258.68万吨碳当量，累计贡献率分别为49%和28%。

表 6.4 2001—2016 年中国交通运输碳排放初始基年驱动因素贡献率

单位：%

年份	ΔC	ΔC_f	ΔC_{ES}	ΔC_{EI}	ΔC_{TS}	ΔC_{TI}	ΔC_G	ΔC_{up}	ΔC_{LCPD}	ΔC_{ltc}	ΔC_{LTP}	ΔC_P
2001	100	-3.8	1	-22	-74	-38	217	107	-62	122	290	19
2002	100	-0.7	-3	1	-12	-59	162	67	-49	55	171	12
2003	100	0.1	2	31	-9	-75	142	47	-42	4	92	8
2004	100	-0.1	1	22	-29	-16	115	35	-33	-5	63	6
2005	100	0.4	0	12	-30	-16	126	35	-35	-12	59	6
2006	100	0.6	1	6	-23	-30	140	35	-29	-9	55	6
2007	100	0.3	1	-8	-18	-40	157	37	-28	-13	52	7
2008	100	0.1	2	-95	68	-37	156	37	-25	-13	50	7
2009	100	1.5	2	-103	67	-44	170	40	-26	-2	64	7
2010	100	0.1	2	-96	60	-42	169	38	-24	-1	61	7
2011	100	0.3	3	-94	57	-38	165	38	-28	-6	60	7
2012	100	0.2	3	-89	56	-36	160	37	-27	-6	57	7
2013	100	0.1	3	-73	51	-45	157	36	-27	-7	57	7
2014	100	-0.2	3	-70	46	-42	156	37	-27	-6	58	7
2015	100	-0.2	4	-63	47	-48	154	37	-27	-7	57	7
2016	100	-0.1	4	-63	46	-49	155	38	-28	-8	57	7

其他 5 个驱动因素在研究期内的贡献效果有所反复，累计年贡献量为正，即累计起到增排作用的有能源结构效应（ΔC_{ES}）和周转量结构效应（ΔC_{TS}），累计贡献量分别为 777.95 万吨碳当量和 8789.53 万吨碳当量，它们的累计贡献率分别为 4% 和 46%。累计年贡献量为负，即呈现碳减排效应的有碳排放系数效应（ΔC_f）、能源强度效应（ΔC_{EI}）和交通运输用地比例效应（ΔC_{ltc}），对交通运输碳减排的累计贡献量分别为 25.61 万吨碳当量、12092.41 万吨碳当量和 1482.18 万吨碳当量，它们的累计贡献率分别为 0.1%、63% 和 8%。

（二）中国交通运输碳排放分解模型驱动因素分析

1. 人均 GDP 效应

人均 GDP 效应是所有驱动因素中对中国交通运输碳排放增排作用最大的因素，且在研究期内一直发挥增排效果。人均 GDP 可表征地区的经济发展水平和人民生活水平。图 6.4 展示了中国人均 GDP 及其对交通运输碳排放的贡献量。

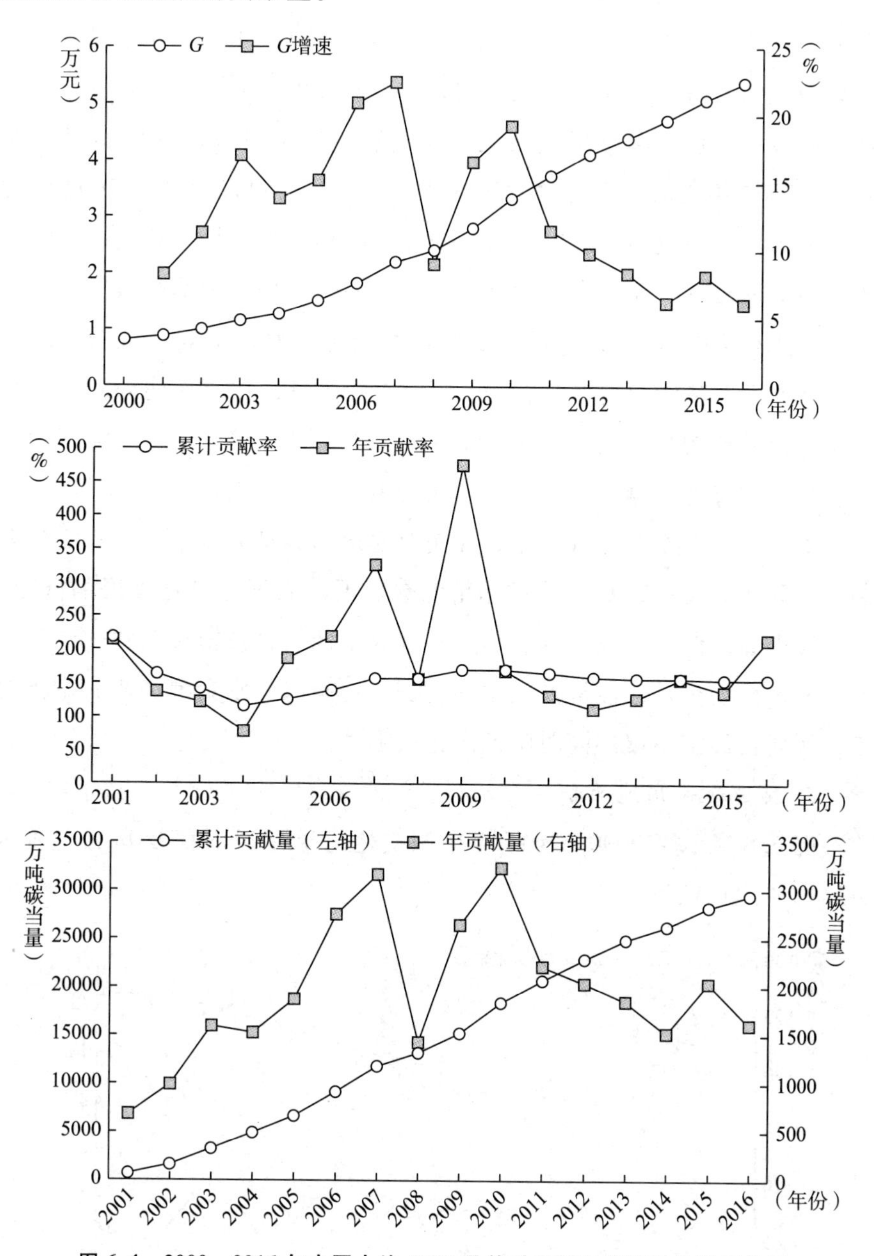

图 6.4　2000—2016 年中国人均 GDP 及其对交通运输碳排放的贡献量

如图 6.4 所示，2000—2016 年，中国人均 GDP 从 0.81 万元增长至

5.38 万元，年均增长率高达 12.56%，反映了中国经济蓬勃发展的势头。人均 GDP 效应对中国交通运输碳排放的年贡献量一直为正值，在研究期内呈 M 形并且在 691 万吨碳当量和 3220 万吨碳当量之间波动，大致与人均 GDP 的增速曲线变化趋势一致。2008 年是一个转折年，恰逢国际金融危机，GDP 增速放缓，对交通运输碳排放增加的贡献也在减少；2009 年之后，经济增速显然逐渐放缓，再也没有超过 2007 年的变化率水平，不过由于政府出台了应对金融危机的一揽子计划，经济出现了短暂的复苏。加上中国广泛开展的交通运输领域的节能政策取得正效应，人均 GDP 效应的年贡献量也逐渐下降。累计贡献量依旧持续增长，从 691 万吨碳当量增长至 29526 万吨碳当量，在研究期内对中国交通运输碳排放的累计贡献率高达 155%。这说明研究期内，经济蓬勃发展仍是中国交通运输碳排放不断增长的最大驱动因素。

不过，这并不意味着在制定控制交通运输碳排放政策时，一定要限制经济和人口发展，我们的目标是低碳发展，而不是牺牲发展的低碳。可以考虑通过调整产业结构，增加碳排放量低的科技密集型和知识密集型产业产出在全社会经济产出中的比例，提高能源密集型产业的能源效率，从而在经济发展的同时降低碳排放强度。

2. 交通运输用地面积效应

图 6.5 展示了 2000—2016 年中国交通运输用地面积及其对交通运输碳排放的贡献量。

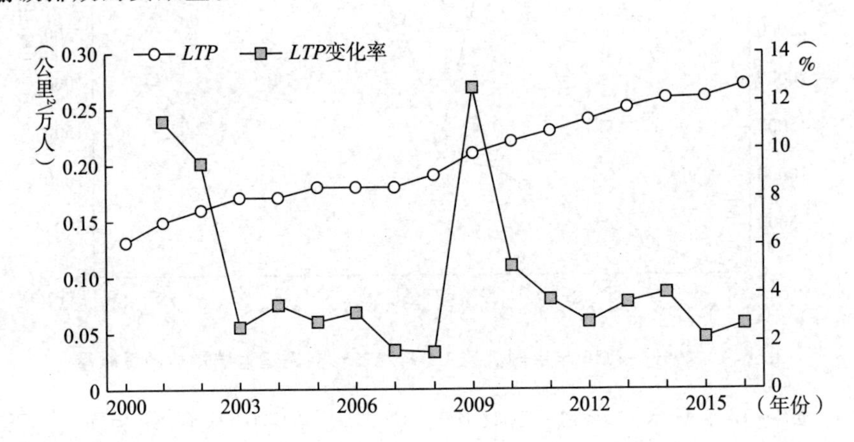

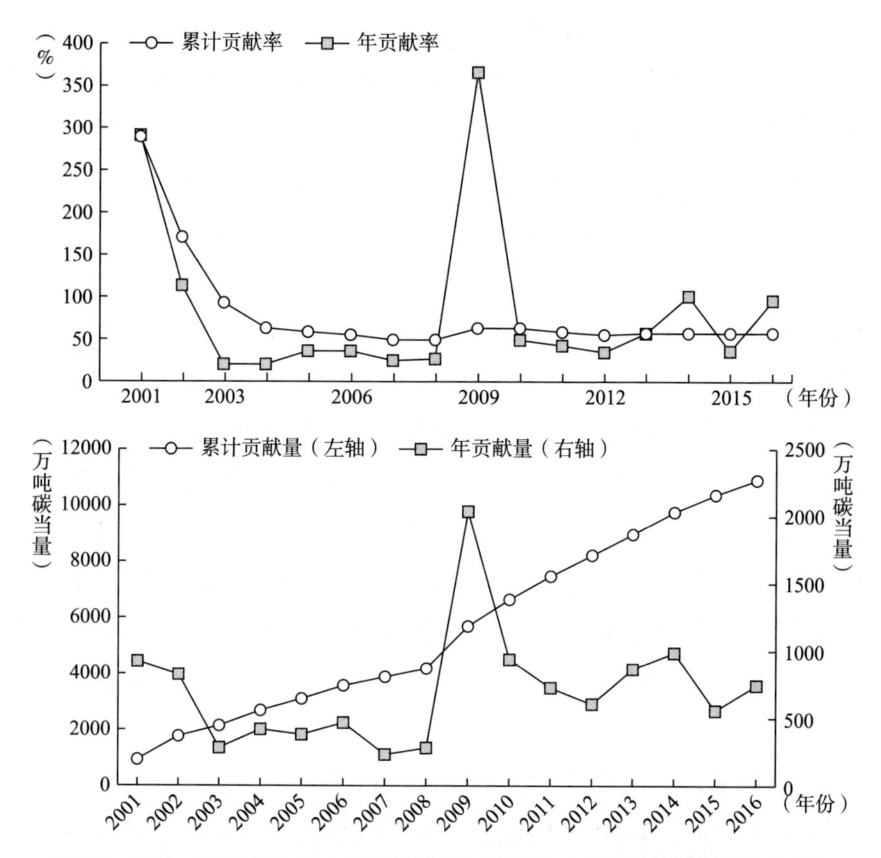

图 6.5　2000—2016 年中国交通运输用地面积及其对交通运输碳排放的贡献量

如图 6.5 可知，2000—2016 年，中国交通运输用地面积从 0.13 公里²/万人持续增长至 0.27 公里²/万人，约翻了一番，年均增长率为 4.67%，增速最快的年份是 2009 年、2001 年和 2002 年，增速分别为 12.55%、11.16% 和 9.38%，恰好对应两个标志性事件：中国为了扩大内需出台的计划和堪称第二次改革开放的加入世界贸易组织（WTO）。除这三年以外，其他年份的增速均低于 6%，这说明中国交通运输用地面积的增长在大部分时间内具有持续性，且在重大政策时间节点出现突变性暴增。与此相对应的，交通运输用地面积效应对中国交通运输碳排放的年贡献量一直为正值，在研究期内年贡献量呈 W 形并且在 235 万吨碳当量和 2043 万吨碳当量之间波动，大致与交通运输用地面积的增速曲线变化趋势一致。累计贡献量依旧持续增长，从 925 万吨碳当量增长至 10934 万吨碳当量，在研究期内对中国交通运输碳排放的累计贡献率高达 57.37%，仅次于人均 GDP 效应，说明研究期内，交通运输用地面积效应是中国交通运输碳排放不断增长的第二大驱动因素。

交通运输用地面积可表征中国交通运输用地建设的数量水平，它对中国交通运输碳排放在机理上有正负两种影响。正向影响是，交通运输用地面积越大，能容纳的交通运输量则越多，相应的交通运输能源消费量和碳排放也可能上升；负向影响是，可以带来更多样化的交通运输方式，尤其是象征低碳出行而又十分需要大型基础设施的大容量公共交通工具，如高速铁路、城市轨道交通、国际化大型港口等，如果对运输和出行方式可以进行更多的低碳选择，则可在完成同等周转量的情况下减少碳排放。研究期内，中国交通运输用地面积效应目前仍起第二大增排驱动作用，未来应在客运方面推广使用大容量公共交通工具，在货运方面更多使用水路和铁路方式，发挥交通运输用地结构调整带来的碳减排潜力。

3. *周转量结构效应*

图 6.6 展示了 2000—2016 年中国交通运输周转量结构及其对交通运输碳排放的贡献量。由图 6.6 可知，研究期内，中国交通运输周转量以水路为主，占比约为 50%，比例最大时在 2007 年，约占 60%；2008 年后，铁路运输周转量比例迅猛增加，从 15% 增长至 30% 并在之后一直保持这个水平；道路运输周转量则从 36% 逐渐缩小至 18% 左右；航空运输周转量变化不大，始终小于 0.5%。周转量结构效应对中国交通运输碳排放的累计贡献量在 2007 年前均为负数，即起到减排驱动作用，在 2008 年迅猛增加，并转而呈现出增排效应，年贡献量为 9182 万吨碳当量，累计贡献 5747 万吨碳当量。其后年贡献量波动变化，到 2016 年累计对中国交通运输碳排放贡献了 8790 万吨碳当量，累计贡献率达 46%，成为第三大增排驱动因素。铁路运输周转量在 2008 年的激增，可能是导致周转量结构效应贡献方向发生变化的关键原因。

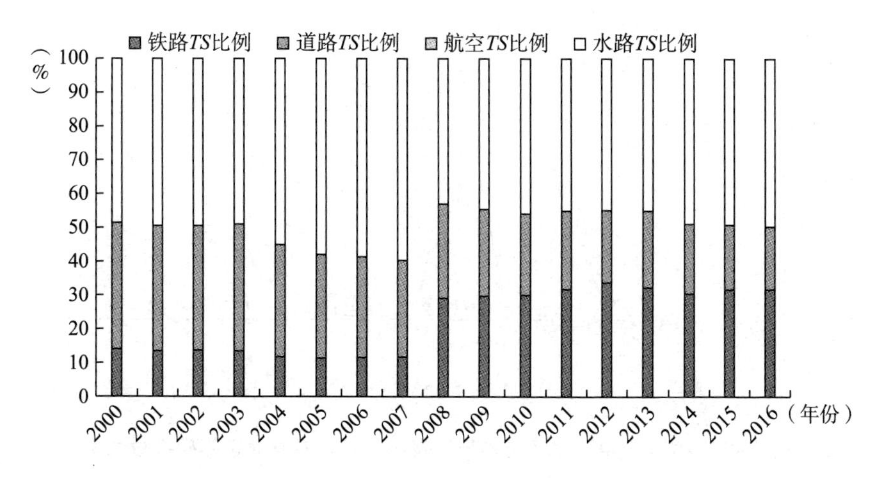
铁路TS比例
道路TS比例
航空TS比例
水路TS比例
（%）
100
90
80
70
60
50
40
30
20
10
0
2000
2001
2002
2003
2004
2005
2006
2007
2008
2009
2010
2011
2012
2013
2014
2015
2016
（年份）

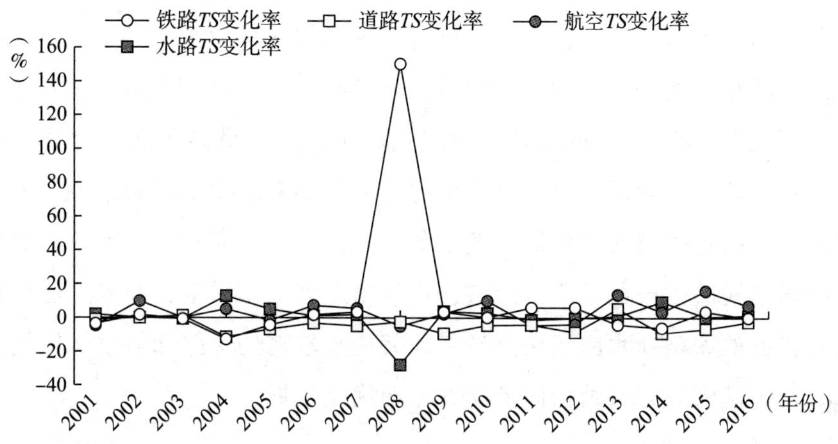
铁路TS变化率
道路TS变化率
航空TS变化率
水路TS变化率
（%）
160
140
120
100
80
60
40
20
0
−20
−40
2001
2002
2003
2004
2005
2006
2007
2008
2009
2010
2011
2012
2013
2014
2015
2016
（年份）

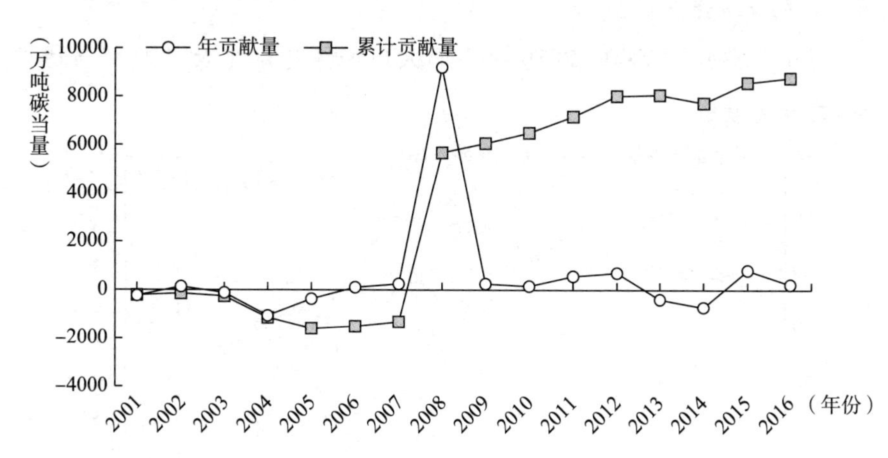
年贡献量
累计贡献量
（万吨碳当量）
10000
8000
6000
4000
2000
0
−2000
−4000
2001
2002
2003
2004
2005
2006
2007
2008
2009
2010
2011
2012
2013
2014
2015
2016
（年份）

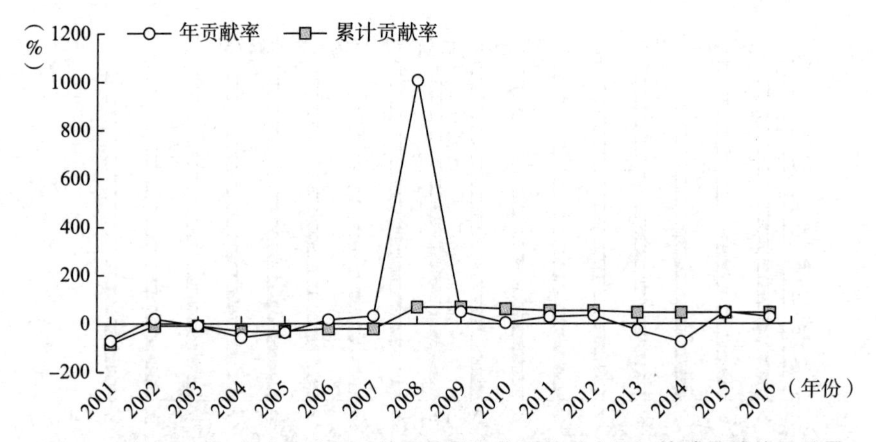

图 6.6　2000—2016 年中国交通运输周转量结构及其对交通运输碳排放的贡献量

目前，中国交通运输周转量结构以水路和铁路为主，但能耗较低的水运周转量比例经历了增加、降低、略微回升的过程，铁路运输周转量比例则是在 2008 年的迅猛增长后变化较小；能耗最高的航空运输周转量比例虽然一直较低，但在研究期内大体呈小幅波动增长的趋势，能耗较高的道路运输周转量比例日益下降。总体来说，周转量结构效应对中国交通运输碳排放起了增排效应，成为第三大增排因素，未来应逐步将能耗较低的铁路和水路运输周转量代替能耗较高的道路和航空运输周转量，使中国的周转量结构向低碳的方向优化发展。

4. 人口城镇化效应

图 6.7 展示了 2000—2016 年中国人口城镇化水平及其对交通运输碳排放的贡献量。

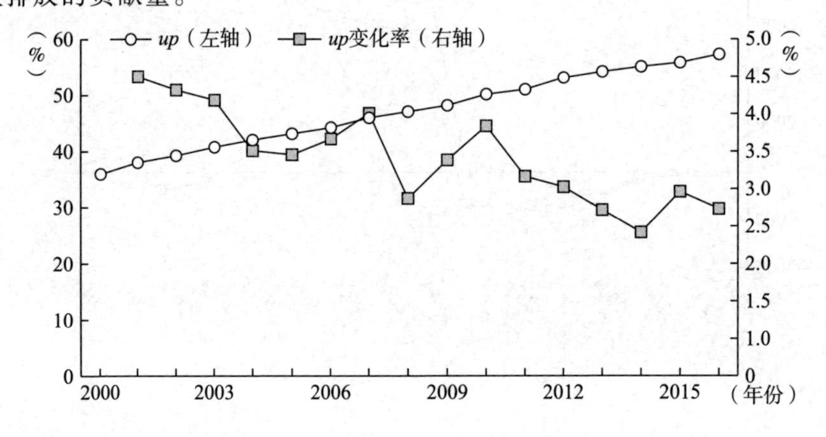

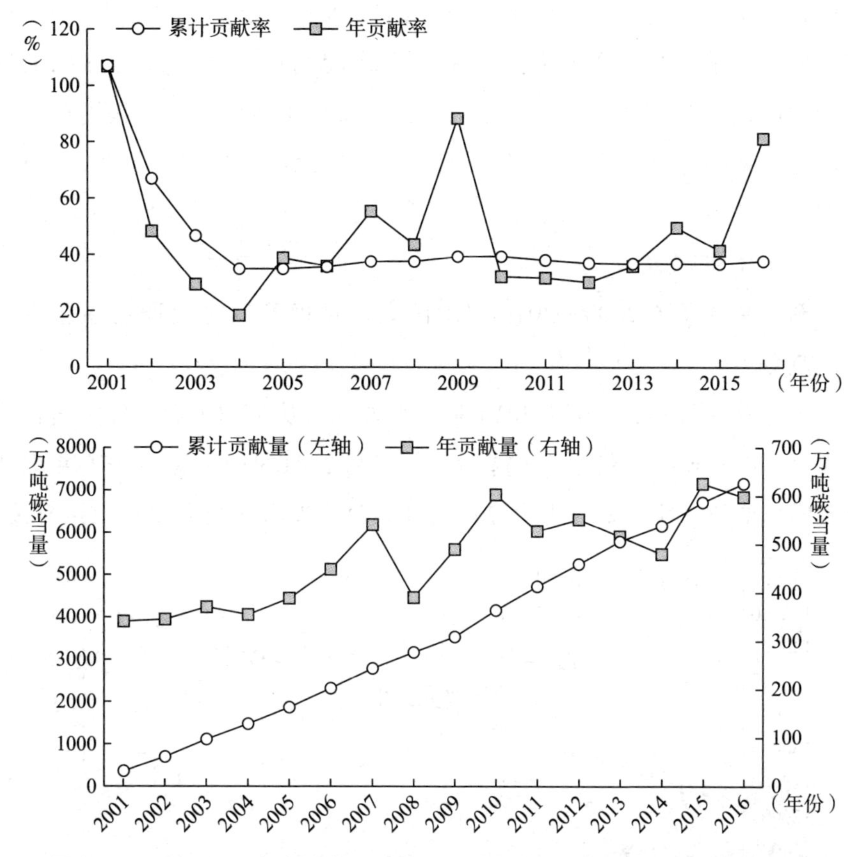

图 6.7　2000—2016 年中国人口城镇化水平及其对交通运输碳排放的贡献量

由图 6.7 可知，研究期内，中国人口城镇化率从 36% 稳定增长至 57%，年变化率在震荡中逐渐下降，年均增长率为 2.92%。人口城镇化效应对中国交通运输碳排放一直起增排作用，到 2016 年累计贡献了 7157 万吨碳当量，累计贡献率为 38%，是第四大增排驱动因素。

人口城镇化水平是中国城镇化发展的重要指标，城镇居民的交通运输需求普遍大于非城镇居民，即人口城镇化水平越高，居民出行需求越高。此外，这个指标可以侧面反映中国的经济发展水平和人民生活水平，因此在中国人口城镇化率不断提高的情况下，全社会的交通运输需求不断提高，交通运输碳排放量也相应增长。目前，人口城镇化效应的增排贡献量变化方向与人均 GDP 效应相似，但数值大大低于人均 GDP

效应，说明研究期内人口城镇化效应的增排影响居中，但也需要重视。大力发展城市公共交通系统，尤其是提高大型轨道公共交通系统的通达性和便捷性，替代许多私人汽车出行，缓解城市道路拥堵，提高城镇居民出行效率，还可以进一步降低道路运输的能耗水平，使得城市交通碳排放量显著下降。

5. 人口规模效应

图 6.8 展示了 2000—2016 年中国人口规模及其对交通运输碳排放的贡献量。

由图 6.8 可知，2000—2016 年，中国人口从 12.67 亿人稳定增长至 13.83 亿人，增长率在逐年下降后保持了较长时间的平稳，2016 年突然出现明显增长，这主要与为了应对人口老龄化推出的全面二孩政策有关；

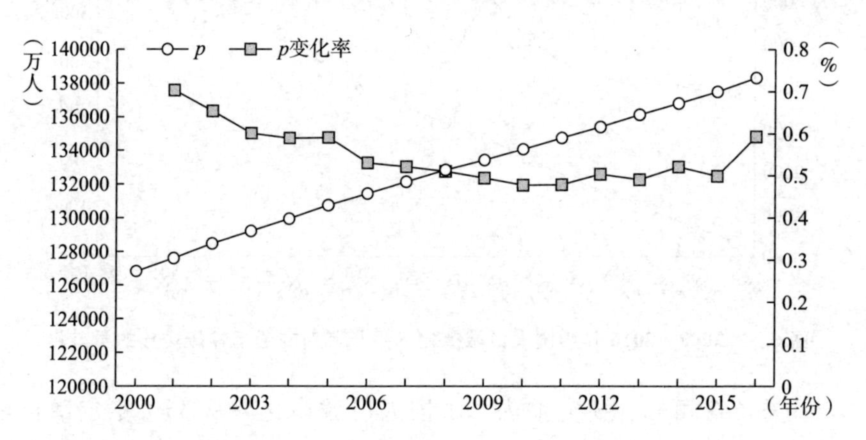

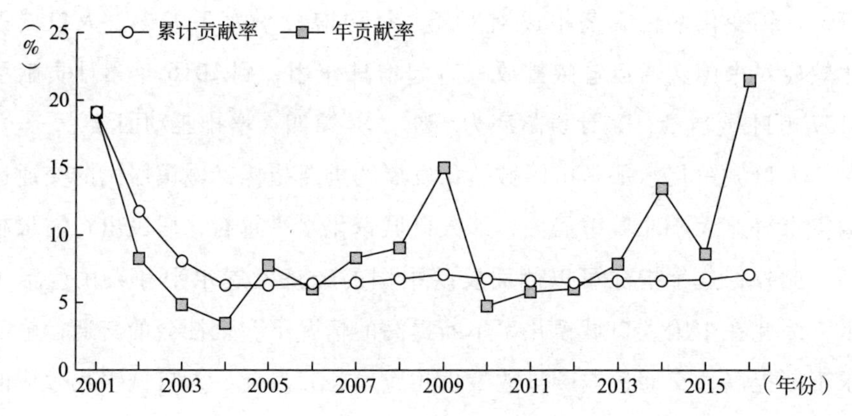

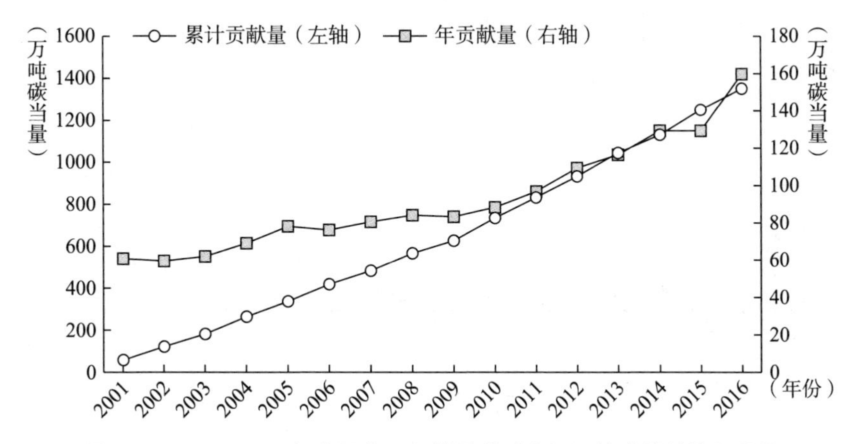

图 6.8 2000—2016 年中国人口规模及其对交通运输碳排放的贡献量

研究期内中国人口年均增长率为 0.55%。人口规模效应对交通运输碳排放一直起增排作用，到 2016 年累计贡献了 1356 万吨碳当量，累计贡献率为 7%，是第五大增排因素，但累计增排贡献率自 2003 年后明显减小，保持在较低的水平。

中国是世界第一人口大国，但是人口规模增速已非常慢，导致人口规模效应对中国交通运输碳排放的增排贡献比较小，说明未来可以适度放开人口数量限制，而不必过分担心随之而来的环境压力。

6. 能源结构效应

图 6.9 展示了 2000—2016 年中国交通运输能源结构及其对交通运输碳排放的贡献量。

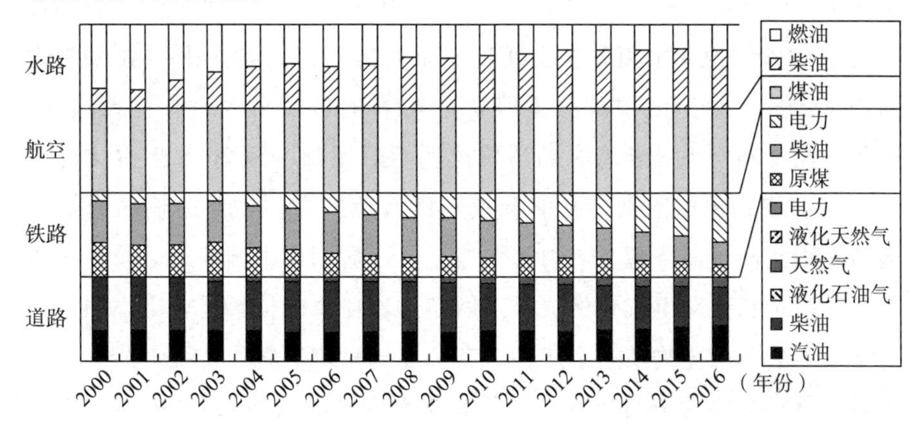

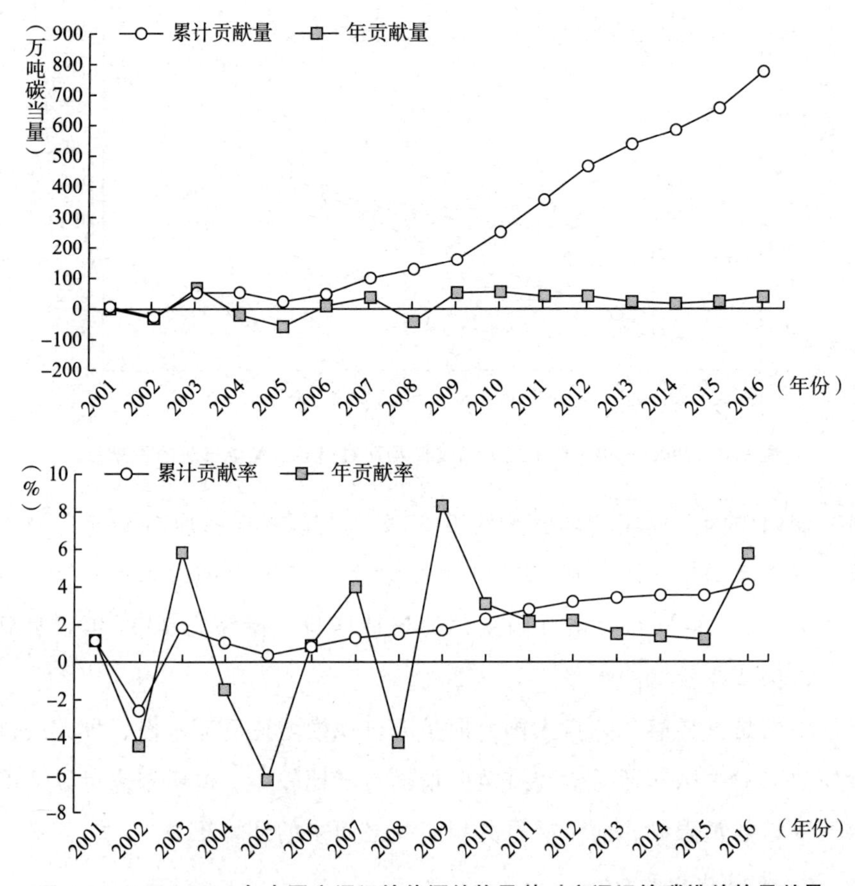

图 6.9　2000—2016 年中国交通运输能源结构及其对交通运输碳排放的贡献量

由图 6.9 可知，研究期内，中国交通运输能源结构变动较大：道路运输里，汽油比例稳定在 40% 左右且自 2005 年开始持续增长，至 2016 年已达 44%，说明中国私人交通近年来发展迅速；柴油比例由 59% 逐渐降至 45%，这是由于部分道路货运被其他运输形式替代；天然气、液化天然气和电力等新能源的消费比例不断增加，至 2016 年占比已超过 10%，表现出中国推广新能源汽车的政策效果。铁路运输的原煤和柴油使用比例不断下降，电力却快速上升，显示出中国铁路运输淘汰落后蒸汽机车和铁路电气化的成效。航空运输使用的依然是航空煤油，但近年来不断开发生物质航空煤油，有望在未来广泛替代传统煤油。水路运输的燃料主要是柴油和燃油（还有非常少量的汽油），其中燃烧效率更高的柴油比例不断提高，代替了大部分燃油的用量。研究期内，能源结构效应为中国交通运输碳排放累计贡献了778万吨碳当量，累计贡献率约为4%，是所有起增排作用的驱动因素中最小的，且年贡献量出现了正负交替变化。

总体来看，虽然中国交通运输能源结构在不断优化，但石油燃料比例依然很高，对中国交通运输碳排放仍然起着增排作用，是第六大增排因素。未来应不断增加清洁能源的使用比例，同时通过技术手段和燃料标准来降低化石能源中污染物含量，探索交通运输燃料燃烧所产生尾气的碳封存技术。

7. *碳排放系数效应*

图6.10展示了2000—2016年中国碳排放系数及其对交通运输碳排放的贡献量。由于计算过程中除电力外，各种燃料的碳排放因子视作常量，所以本书中的碳排放系数变动主要指电力碳排放系数变动。

由图6.10可知，2000—2016年，中国电力碳排放系数从1.54波动降低至1.50，变化率在0附近震荡，9年出现下降，7年出现上升，年平均变化率为－0.12%，总体来说呈现电力碳排放系数稍微下降的趋势。碳排放系数效应对中国交通运输碳排放的年贡献量也在增排和减排效果之间波动，累计减排贡献量为25.61万吨碳当量，累计减排贡献率为0.13%，虽然数值很小，但依然对中国交通运输碳排放起了减排的作用。

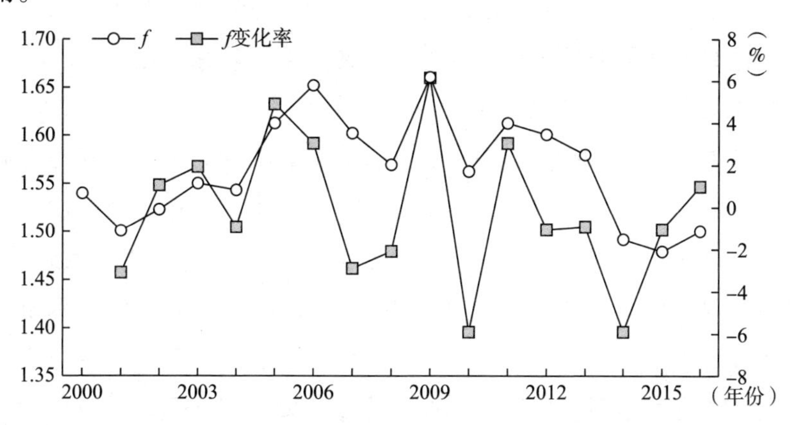

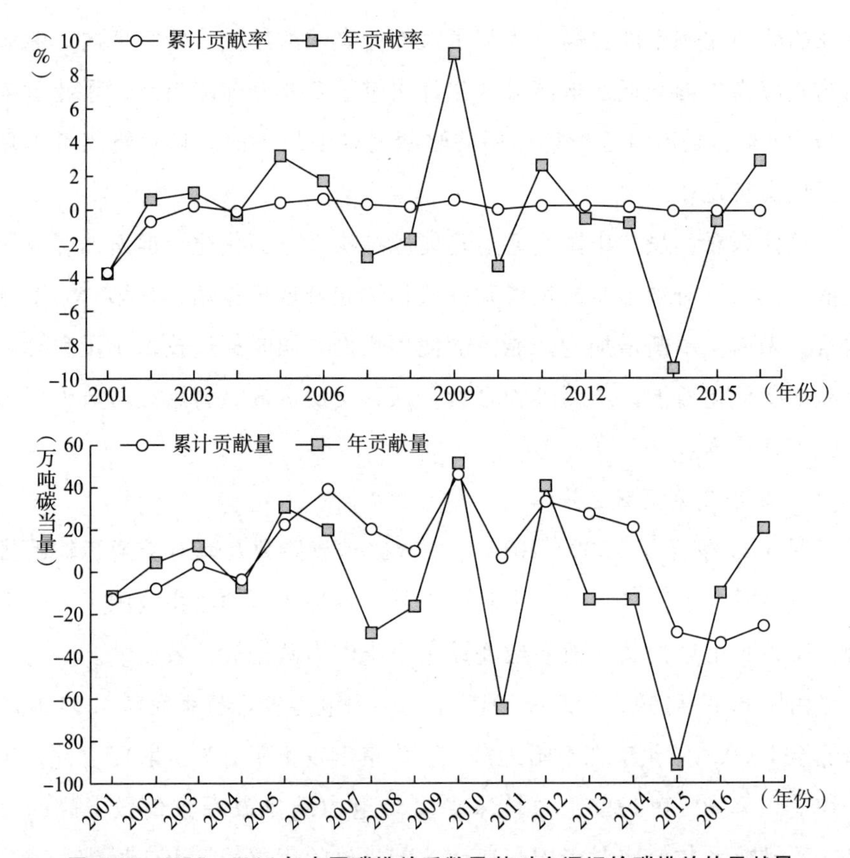

图 6.10　2000—2016 年中国碳排放系数及其对交通运输碳排放的贡献量

根据前文的分析可知，中国非火力发电比例在不断提高，因此电力碳排放系数呈现出下降的趋势。但这个趋势暂时并不明显，发电结构还未得到根本性变革，未来应继续提高非火力发电比例，否则在倡导电动汽车和铁路电气化的当今社会，电力可能会陷入环保悖论。

8. 交通运输用地比例效应

图 6.11 展示了 2000—2016 年中国交通运输用地比例及其对交通运输碳排放的贡献量。由图可知，研究期内，中国交通运输用地比例波动较大，但总体呈 M 形，从 75% 下降至 68%，变化率在 0 附近震荡，6 年出现下降，10 年出现上升，年平均变化率为 0.65%。交通运输用地比例效应对中国交通运输碳排放的年贡献量也在增排和减排效果之间波动，累计减排贡献量为 1482 万吨碳当量，累计减排贡献率为 7.78%，

虽然贡献率不算太高，但对中国交通运输碳排放起了减排作用，是第四大减排因素。

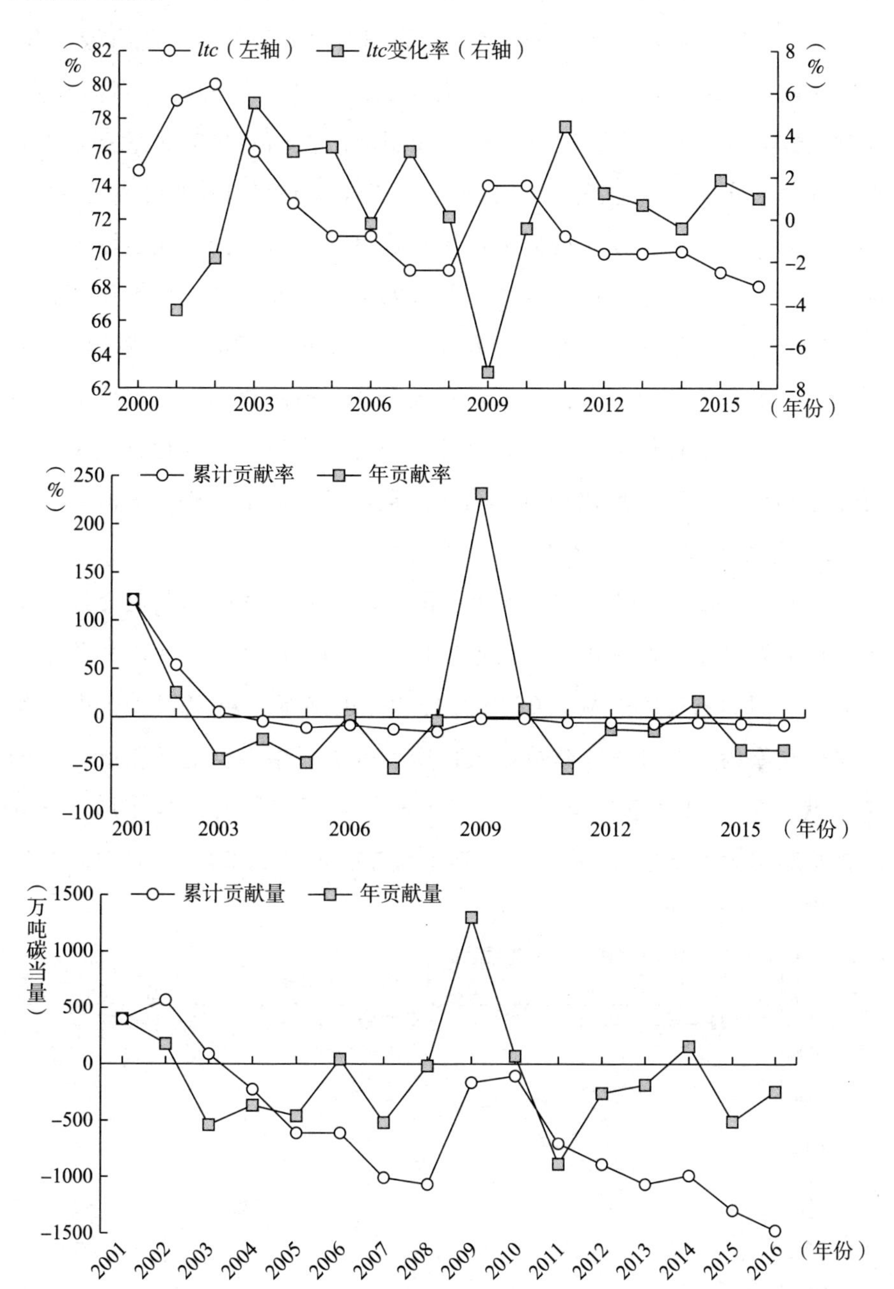

图 6.11　2000—2016 年中国交通运输用地比例及其对交通运输碳排放的贡献量

交通运输用地比例指示交通运输网络的密度，对中国交通运输碳排放有正反两个方向的驱动作用。正向作用是当交通运输用地比例越高，可满足的运输需求就越高，交通运输能源消费量和碳排放量就可能上升；反向作用是交通工具行驶效率会随着交通运输用地比例的提高而提高，停顿次数减少，由于交通工具在起步和制动阶段的碳排放量最高，所以可以减少部分交通运输碳排放。因此，二者之间的作用机理较为复杂。

总体来说，研究期内交通运输用地比例效应对中国交通运输碳排放起了减排作用，未来应通过规划增加公共交通运输工具的用地比例，如城市轨道交通、快速公交系统（Bus Rapid Transit，BRT）、城际轨道交通、单车道和步行道等，代替更多私人交通和道路货运，在单位交通用地内满足更多的运输需求，提高单位交通运输用地面积的运输效率，以充分挖掘交通运输用地比例对中国交通运输碳排放的低碳减排潜力。

9. 建成区人口密度效应

图 6.12 展示了 2000—2016 年中国建成区人口密度及其对交通运输碳排放的贡献量。由图可知，研究期内，中国建成区人口密度变化率波动较大，但其密度总体从 2.05 万人/公里^2 下降至 1.46 万人/公里^2，年平均变化率为 -2.08%。建成区人口密度效应对中国交通运输碳排放的年贡献量在 14 年中起减排效果，只有两年起了少量的增排作用，累计减排贡献量为 5259 万吨碳当量，累计减排贡献率为 28%，对中国交通运输碳排放起了第三大减排作用。

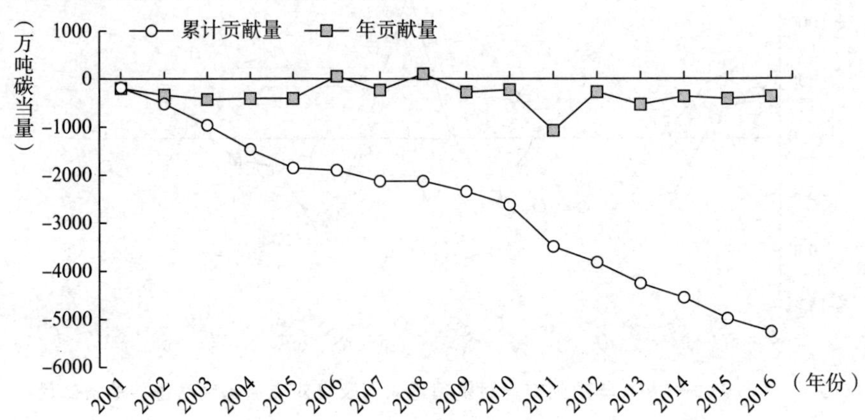

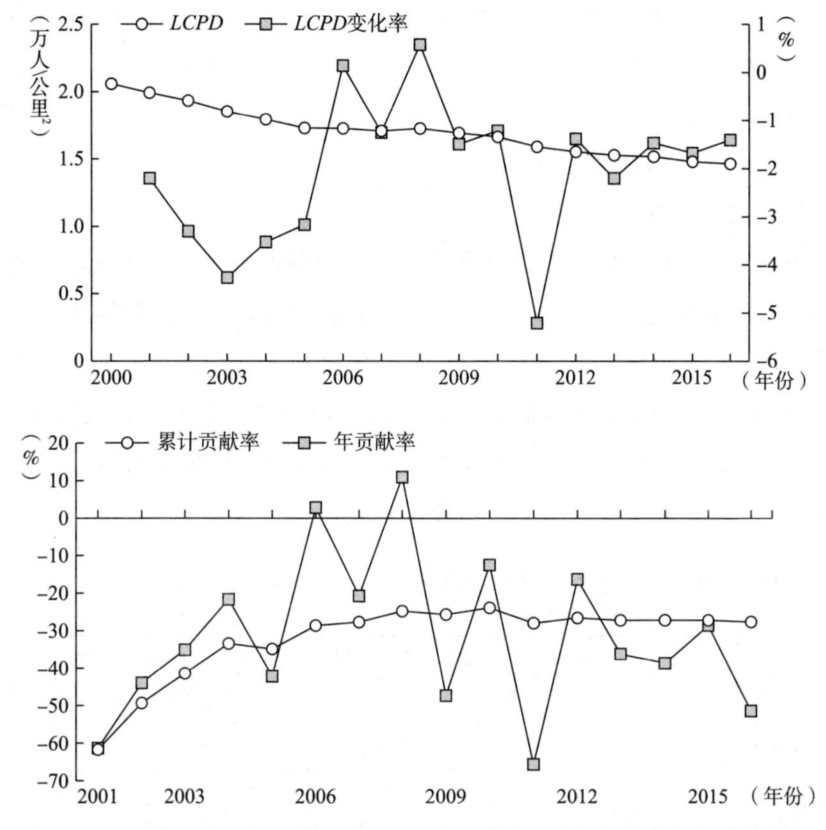

图 6.12　2000—2016 年中国建成区人口密度及其对交通运输碳排放的贡献量

建成区人口密度可以指示城市交通运输需求的集聚程度，对交通运输碳排放的影响也是复杂的，有正反两个方向的影响。正向影响是，建成区人口密度越大，交通运输需求就越大，且拥堵率可能变高，导致通达效率下降，交通运输碳排放增加；反向影响是，建成区人口密度越大的地区，越有可能修建耗资巨大、承载量巨大的大容量公共交通系统，反而会形成集聚效应，提高运输效率，进而减少交通运输碳排放。最终所起的作用还需要结合交通运输基础设施的修建情况等信息来综合分析。

由前文可知，中国交通运输用地面积比例对中国交通运输碳排放起的是减排效应，与此相对应的，建成区人口密度也起了减排效应，并且十分显著。根据公安部 2018 年 9 月发布的数据，中国机动车驾驶人数已超过4亿，机动车数量超过3.22亿，给中国道路运输系统带来了巨大的压力，未来应继续科学规划并兴建公共交通运输基础设施，增强公共交通的便利性，替代城市私人交通和道路货运，发挥建成区人口密度的集聚效应以推动低碳交通发展。

10. 周转量强度效应

图6.13展示了2000—2016年中国周转量强度及其对交通运输碳排放的贡献量。研究期内，中国周转量强度变化率波动较大，但强度总体从0.48吨公里/元下降至0.26吨公里/元，年平均变化率为-3.50%。周转量强度效应对中国交通运输碳排放的年贡献量在14年中起减排效果，只有两年起了增排作用，累计减排贡献量为9272万吨碳当量，累计减排贡献率为49%，是中国交通运输碳排放的第二大减排因素。

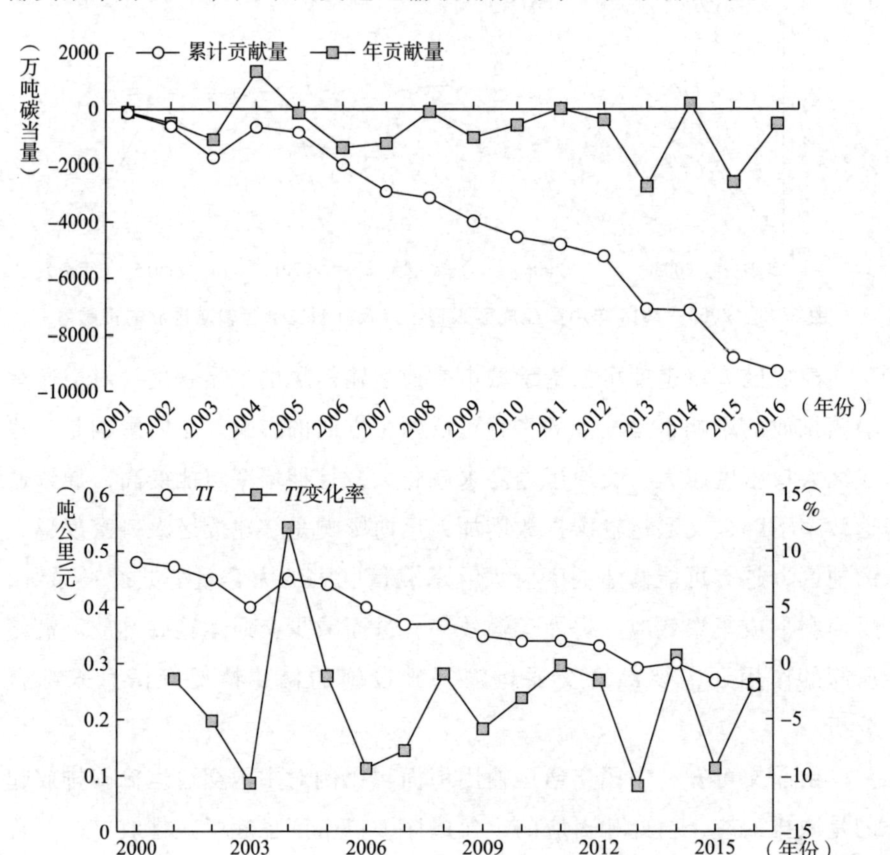

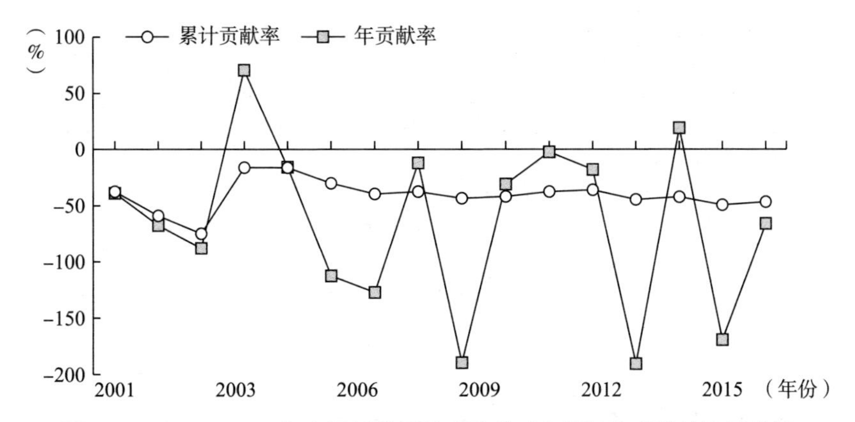

图 6.13　2000—2016 年中国周转量强度及其对交通运输碳排放的贡献量

周转量强度是中国单位 GDP 所使用的周转量，研究期内中国交通运输周转量强度不断降低，说明中国交通运输的周转效率在逐步提高，并显著抑制了交通运输碳排放，这是令人欣喜的情况。未来应继续推广使用更多集约型的工具，如水运集装箱、电气化铁路、城市大型轨道等，使周转量强度继续下降，增强中国交通运输碳排放的减排活力。

11. 能源强度效应

图 6.14 展示了 2000—2016 年中国交通运输能源强度及其对交通运输碳排放的贡献量。由图可知，研究期内，中国交通运输能源强度最大的是航空运输，其次是道路运输，水路运输次之，铁路运输最小，除了水运能源强度在波动中持平外，其他三种运输形式的能源强度都在不断降低。能源强度效应对中国交通运输碳排放的年贡献量在 11 年中产生了减排效果，还有 5 年起了增排作用，累计减排贡献量为 12092 万吨碳当量，累计减排贡献率为 63%，是驱动中国低碳交通发展最大的因素。其中，2008 年的减排贡献量最显著，对交通运输碳减排贡献了 9598 万吨碳当量，年减排贡献率高达 1049.98%，是道路运输能源强度明显骤降造成了如此显著的减排驱动效果。

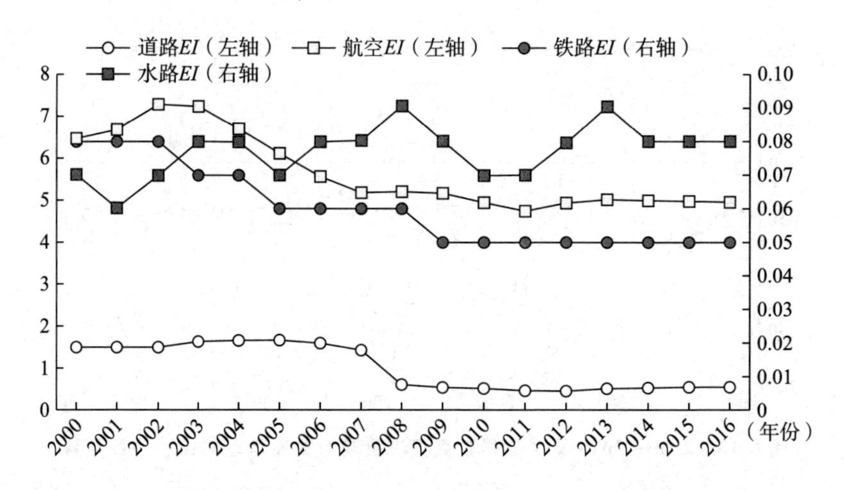
道路EI（左轴）
航空EI（左轴）
铁路EI（右轴）
水路EI（右轴）
8
7
6
5
4
3
2
1
0
0.10
0.09
0.08
0.07
0.06
0.05
0.04
0.03
0.02
0.01
0
2000
2001
2002
2003
2004
2005
2006
2007
2008
2009
2010
2011
2012
2013
2014
2015
2016
（年份）

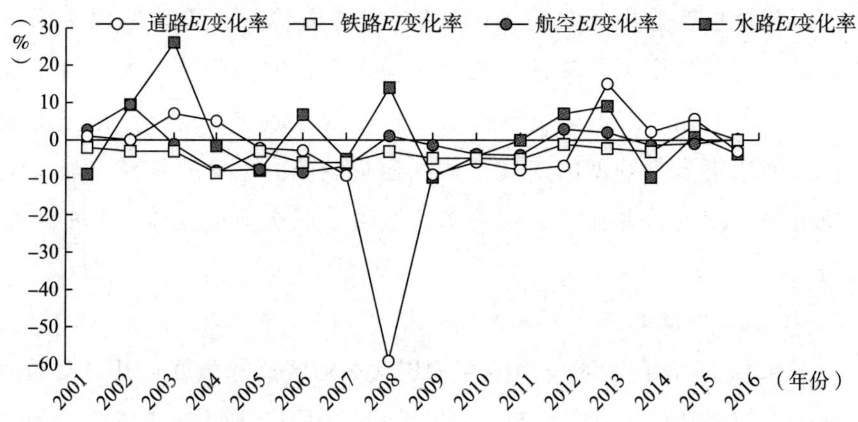
（%）
道路EI变化率
铁路EI变化率
航空EI变化率
水路EI变化率
30
20
10
0
-10
-20
-30
-40
-50
-60
2001
2002
2003
2004
2005
2006
2007
2008
2009
2010
2011
2012
2013
2014
2015
2016
（年份）

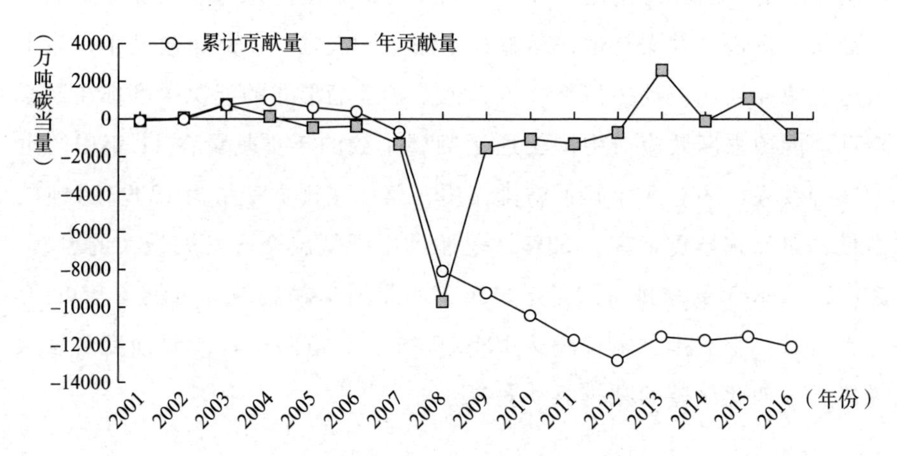
（万吨碳当量）
累计贡献量
年贡献量
4000
2000
0
-2000
-4000
-6000
-8000
-10000
-12000
-14000
2001
2002
2003
2004
2005
2006
2007
2008
2009
2010
2011
2012
2013
2014
2015
2016
（年份）

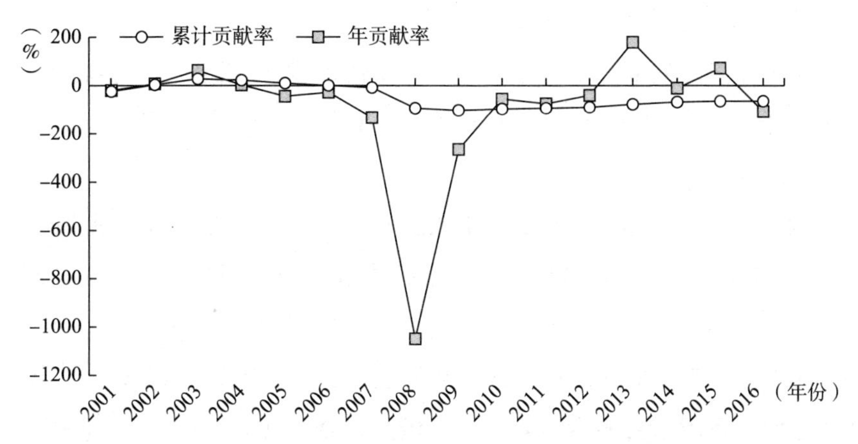

图 6.14　2000—2016 年中国交通运输能源强度及其对交通运输碳排放的贡献量

能源强度是中国单位交通运输周转量所使用的能源，研究期内中国交通运输能源强度除水运外总体在不断降低，说明中国交通运输能源消费量与周转量之间的效率在逐步提高，并显著抑制了交通运输碳排放。2008 年道路运输能源强度的骤降带来的减排效果最大，说明道路运输能源强度的优化对中国发展低碳交通作用最大。在选择运输工具时，应按照能源强度高低推广使用更多水路和铁路，使能源用量继续下降，帮助交通运输节能低碳减排。此外，未来应继续降低各种交通运输方式的能源强度，尤其是道路运输，驱动中国交通运输领域的持续低碳发展。

四　中国各省（区、市）交通运输碳排放分解模型实证分析

（一）中国各省（区、市）交通运输碳排放分解模型

中国各省（区、市）交通运输碳排放（C）可以表示为公式（6.8）中扩展的 Kaya 恒等式形式。

$$C = \sum_i C_i = \sum_i \frac{C_i}{E_i} \cdot \frac{E_i}{E} \cdot \frac{E}{T} \cdot \frac{T}{GDP} \cdot \frac{GDP}{P} \cdot P = \sum_i f_i \cdot ES_i \cdot EI \cdot TI \cdot G \cdot P \tag{6.8}$$

公式（6.8）中，C 表示交通运输碳排放；i 表示前文中提到的用

于计算交通运输碳排放的 9 种能源；C_i表示第 i 种能源的碳排放量；E_i代表第 i 种能源的消费量（标准量）；E 代表中国交通运输能源消费总量（标准量）；T 是中国交通运输的总换算周转量；GDP 是国内生产总值；P 是人口规模。

因此，C 可以表示成第 i 种能源的碳排放系数（f）、能源结构（ES）、能源强度（单位周转量能源消费量，EI）、周转量强度（TI）、人均 GDP（G）和人口规模（P）这 6 个影响因素的乘积。

结合 LMDI 模型分析技术，C 的变化量可以写成公式（6.9）的形式，各驱动因素贡献值可表示为公式（6.10）和公式（6.11）（Ang，2005）：

$$\Delta C = C^m - C^n = \Delta C_f + \Delta C_{ES} + \Delta C_{EI} + \Delta C_{TI} + \Delta C_G + \Delta C_P \tag{6.9}$$

$$w_i = (C_i^m - C_i^n)/(\ln C_i^m - \ln C_i^n) \tag{6.10}$$

$$\begin{aligned} \Delta C_f &= \sum_i w_i \cdot \ln(f_i^m / f_i^n) \\ \Delta C_{ES} &= \sum_i w_i \cdot \ln(ES_i^m / ES_i^n) \\ \Delta C_{EI} &= \sum_i w_i \cdot \ln(EI_i^m / EI_i^n) \\ \Delta C_{TI} &= \sum_i w_i \cdot \ln(TI^m / TI^n) \\ \Delta C_G &= \sum_i w_i \cdot \ln(G^m / G^n) \\ \Delta C_P &= \sum_i w_i \cdot \ln(p^m / p^n) \end{aligned} \tag{6.11}$$

其中，上标 m 和 n 表示时间，分别代表目标年份（较晚的）和初始年份（较早的）。为了更详细解释 C 的变化，本节将结合使用“初始基年”（$n=2000$ 年）和“相对基年”（$n=m-1$）两个视角来共同考察 C 及其影响因素（Zhao et al.，2016）。ΔC 代表目标年 m 和初始年 n 之间的 C 变化量，可表示为 6 个驱动因素变化量的函数之和，即 ΔC_f、ΔC_{ES}、ΔC_{EI}、ΔC_{TI}、ΔC_G和 ΔC_P，它们分别对应第 i 种能源的碳排放系数效应、能源结构效应、能源强度效应（单位周转量能源消费变化量效应）、周转量强度效应、人均 GDP 效应和人口规模效应。各影响因素的变化量之和，便是其对 ΔC 的贡献量。

（二）中国各省（区、市）交通运输碳排放分解模型计算结果

图6.15展示了中国30个省（区、市）的交通运输碳排放驱动因素分解结果，各省（区、市）先后次序是按照2016年GDP高低来进行排序的。由图6.15可知，研究期内，30个省（区、市）的交通运输碳排放总量都在不同程度上得到了增长，其中增长数量最多的6个地区分别是四川（1113万吨碳当量）、江苏（780万吨碳当量）、广东（771万吨碳当量）、辽宁（705万吨碳当量）、河南（682万吨碳当量）和北京（611万吨碳当量），均来自经济总量居前14位的地区，其他地区的增长量均小于600万吨碳当量；增长最少的地区分别是宁夏（66万吨碳当量）、青海（122万吨碳当量）、海南（133万吨碳当量）、天津（160万吨碳当量）、广西（189万吨碳当量）和吉林（199万吨碳当量），均来自经济总量居后14位的地区，其他地区的增长量均大于200万吨碳当量。可以看到，虽然交通运输碳排放变化量不完全与经济发展情况对应，但总体来说，经济更发达的地区新增碳排放更多，经济越不发达的地区新增碳排放越少。

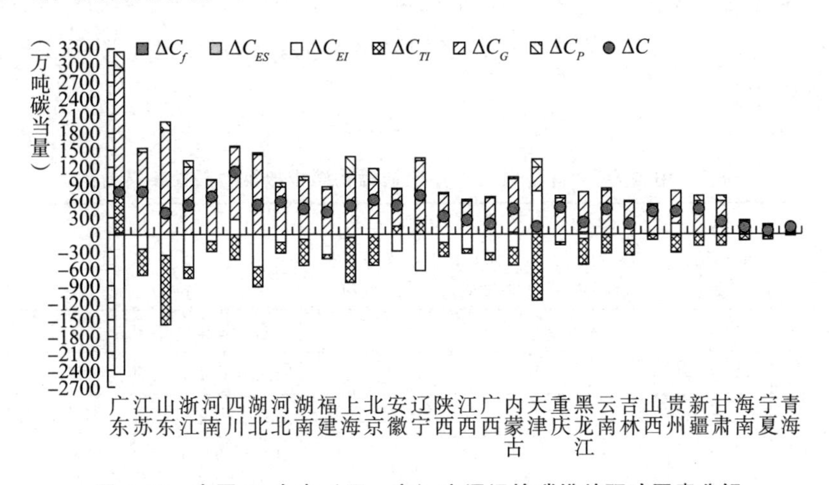

图6.15　中国30个省（区、市）交通运输碳排放驱动因素分解

图6.16展示了中国30个省（区、市）交通运输碳排放驱动因素贡献比例，由图可知，不同驱动因素在不同地区起的作用不尽相同，但总体来说，在所有地区里，人均GDP效应均产生了区域内最显著的增排

效果，碳排放系数效应均产生了区域内最小的减排效果。根据其他四个驱动因素作用效果将各省（区、市）分为6种类型，如表6.5所示。

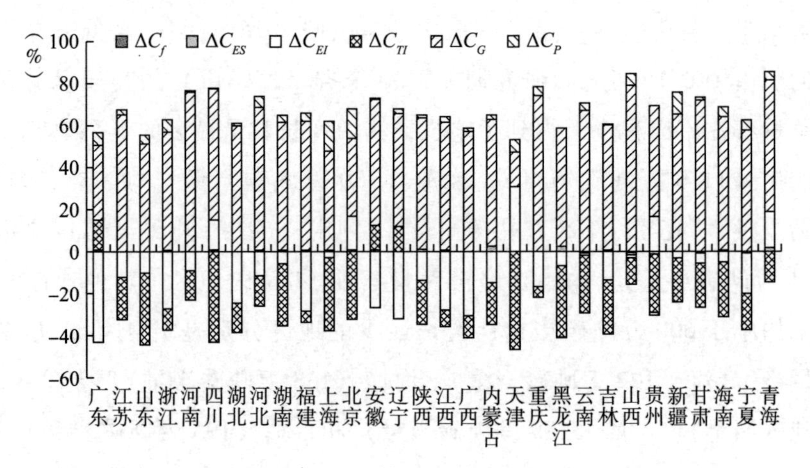

图6.16 中国30个省（区、市）交通运输碳排放驱动因素贡献比例

由表6.5可知，研究期内，全国最普遍的变化模式是类型3，能源结构效应和人口规模效应起增排作用，能源强度效应和周转量强度效应起减排作用，此类型包含了15个地区，说明中国仍有许多地区的能源结构有待调整，但大部分地区的能源强度和周转量强度已发挥了积极的减排作用。

表6.5 中国30个省（区、市）交通运输碳排放驱动因素效果分类

类型	ΔC_{ES} 能源结构效应	ΔC_{EI} 能源强度效应	ΔC_{TI} 周转量强度效应	ΔC_P 人口规模效应	省（区、市）
类型1	+	−	+	+	广东、安徽、辽宁
类型2	+	+	−	+	四川、北京、天津、青海
类型3	+	−	−	+	江苏、山东、浙江、河南、湖北、河北、湖南、福建、陕西、江西、广西、内蒙古、重庆、吉林、海南
类型4	−	−	−	+	上海、云南、山西、新疆、甘肃、宁夏
类型5	−	+	−	−	贵州
类型6	+	−	−	−	黑龙江

只有 2 个地区的人口规模效应出现了减排效应，分别是贵州和黑龙江，研究期内两地的人口发生了下降，它们各自单列为类型 5 和类型 6。

只有类型 4 的 6 个地区和类型 5 的贵州在研究期内能源结构效应起减排作用，而且减排效果非常小。

类型 1 和类型 2 的 7 个地区，若算进碳排放系数的减排效应，研究期内只有两个减排驱动因素，其他四个驱动因素都发挥了增排作用，需要进一步发挥其他驱动因素的减排潜力。

（三）中国各省（区、市）交通运输碳排放驱动因素分析

1. 人均 GDP 效应

研究期内，所有地区的人均 GDP 效应对当地交通运输碳排放均发挥了最大的增排作用，累计贡献 2.46 亿吨碳当量，累计贡献率高达 186%，与它对全国交通运输碳排放的驱动作用方向和水平一致。未来，各地区应努力探索低碳发展之路，采取兼顾经济发展和应对气候变化行动的措施。例如通过调整产业结构，增加碳排放量低的科技密集型和知识密集型产业产出在全社会经济产出中的比例，提高能源密集型产业的能源效率，从而在经济发展的同时降低碳排放强度。

2. 碳排放系数效应

研究期内，所有地区的碳排放系数效应对当地交通运输碳排放均产生了微弱的减排作用，累计减排 54.15 万吨碳当量，累计减排贡献率为 0.41%，与它在全国交通运输碳排放变化中的驱动作用方向和水平一致。根据前文的分析可知，中国非火力发电比例在不断提高，因此电力碳排放系数呈现出下降的趋势。但这个趋势暂时并不显著，发电结构还未得到根本性变革，未来应继续提高非火力发电比例，这样才可以在倡导使用电动汽车和推进铁路电气化以减少环境污染的同时降低交通运输碳排放。

3. 人口规模效应

研究期内，28 个省（区、市）的人口规模效应对当地交通运输碳排放产生了增排作用，在贵州和黑龙江产生了微弱的减排作用，整体累计减排 1944 万吨碳当量，累计减排贡献率为 14.65%，与它在全国交通

运输碳排放变化中的驱动作用方向和水平相似。贵州和黑龙江在研究期内人口发生了少量减少，显示出这两个地区的人口吸引力较差、人口外流的情况，但客观上缓解了当地的交通运输压力，对当地交通运输碳排放产生了微弱的减排作用。人口规模效应对各省（区、市）交通运输碳排放增排贡献率最大的地区分别为天津（92%）、上海（59%）、广东（45%）、北京（39%）和山东（38%），这些地区都是经济非常发达的地区，除本地人口的自然增长外，外来人口贡献了大部分的新增人口。

人口增长对交通运输碳排放的驱动作用是一把双刃剑，应客观看待人口规模效应带来的增排影响，并从改变其他因素角度来促进低碳交通发展，断不可因为人口外流能带来少量的碳减排作用就控制人口规模，事实上这种减排贡献率很低，带来的负面影响反而很大。人口规模效应对交通运输碳排放增排贡献量大的地区还应注意公共交通基础设施的配套规划必须跟上本地人口规模的变化水平。通过前文的分析可知，推广使用大容量公共交通工具反而可以增强地区的交通运输需求集聚效应，带来减排效果。

4. 能源结构效应

研究期内，23 个省（区、市）的能源结构效应对当地交通运输碳排放起了微弱的增排作用，在 7 个地区起了微弱的减排作用，整体累计增排 226 万吨碳当量，累计增排贡献率为 1.7%，与它在全国交通运输碳排放变化中的驱动作用方向和水平相似，是影响最小的增排因素。

能源结构效应对各省（区、市）交通运输碳排放的贡献率从大到小排序依次为黑龙江（14%）、内蒙古（9%）、广东（4%）、湖南（4%）和陕西（4%），这些地区都是煤炭使用比例迅速下降的地区。相应的，在新能源推广程度有限的情况下，石油替代了煤炭留下的大部分空白，导致能源结构优化水平有限，但最终能源结构效应对当地交通运输碳排放仍然表现为增排作用。

能源结构效应给交通运输碳排放带来抑制作用的地区有贵州（12.00 万吨碳当量）、山西（7.54 万吨碳当量）、云南（6.47 万吨碳当量）、上海（3.59 万吨碳当量）、宁夏（2.37 万吨碳当量）、新疆（1.83 万吨碳当量）和甘肃（1.75 万吨碳当量），这些地区有两种模式的交通运输结构。第一种是以宁夏为代表的地区，共同特点是煤炭使用比例迅速下降的同时，新能源使用比例非常高，例如宁夏交通运输中新能源使用比例从 4% 飙升至 20%，煤炭、煤油、燃油的用量却日益减少，汽油用量在波动中有略微增加，柴油用量只增长了一倍，因此宁夏能源结构效应对当地交通运输碳排放贡献了 4% 的减排率。这些地区大部分在西部，应继续发挥本地新能源资源（地热能、太阳能、风能、水能等）丰富的优势，尽量替代更多的石油消费，例如推广使用电动汽车和电气化铁路机车等。第二种是以上海为代表的能源结构类型。在这些起减排作用的地区中，上海是经济最发达的地区，虽然它的汽油、煤油和柴油用量都有明显增长且占比非常高，但由于它的能源消费以清洁高效的水运燃油为主，柴油只占 18% 左右，远低于全国 45% 的比例，因此上海的能源结构已比较优化，研究期内能源结构效应对当地交通运输碳排放贡献了 1% 的减排率。目前上海的清洁能源份额较小，因此能源结构还有极大的优化空间。两种地区应按照本地的能源结构特征进行技术推广和政策安排。

5. 能源强度效应

研究期内，25 个省（区、市）的能源强度效应对当地交通运输碳排放起明显的减排作用，5 个地区起增排作用，整体累计减排 5957 万吨碳当量，累计减排贡献率为 45%，与它在全国交通运输碳排放变化中的驱动作用方向和水平相似，是明显的减排因素。能源强度是单位交通运输周转量所使用的能源，研究期内各地区交通运输能源强度除水运外总体在不断降低，说明各地交通运输能源效率有所提高，并显著抑制了交通运输碳排放。在选择运输工具时，应按照能源强度高低推广使用更多水路和铁路，使能源用量继续下降，促进交通运输节能低碳减排。此外，未来应继续降低各种交通运输方式的能源强度，尤其是道路运输，驱动各省（区、市）发展低碳交通。

6. 周转量强度效应

研究期内，27个省（区、市）的周转量强度效应对当地交通运输碳排放起了显著的减排作用，3个地区起了增排作用，整体累计减排7522万吨碳当量，累计减排贡献率为57%，与它在全国交通运输碳排放变化中的驱动作用方向和水平相似，是最显著的减排因素之一。周转量强度是单位GDP所使用的周转量，研究期内各地区交通运输周转量强度不断降低，说明交通运输的周转量效益不断提高，并显著抑制了交通运输碳排放。未来应继续推广使用更多集约型的工具，如水运集装箱、电气化铁路、城市大型轨道等，使周转量强度继续下降，增强中国低碳交通的发展活力。

五　本章小结

本章通过分解中国交通运输碳排放的驱动因素，得到了以下主要结论。

第一，研究期内，人均GDP效应、交通运输用地面积效应、周转量结构效应、人口城镇化效应、人口规模效应和能源结构效应对中国交通运输碳排放起增排作用，其中人均GDP效应增排作用最显著，能源强度效应、周转量强度效应、建成区人口密度效应、交通运输用地比例效应和碳排放系数效应对中国交通运输碳排放起减排作用，其中能源结构效应的减排作用最显著。总体来看，未来应在鼓励经济和社会正常发展的同时优化内部产业结构，并努力调整周转量结构和能源结构，将高耗能的道路和航空运输需求转移至水路和铁路，挖掘能源结构和周转量结构对中国交通运输碳减排的潜力。

第二，研究期内，经济发达的地区新增交通运输碳排放普遍较多，经济欠发达的地区新增交通运输碳排放普遍较少。不同驱动因素在不同省（区、市）起的驱动作用不尽相同，但人均GDP效应在所有地区均产生了最显著的增排效果，碳排放系数效应均产生了区域内最小的减排效果。根据其他四个驱动因素作用效果可将各地区分为6种类型，但驱动因素作用方向一致的地区也有不同的作用模式，应根据各地的资源禀赋和应对气候变化行动的实际效果来研究对策。大部分地区的能源强度效应和周转量强度效应对当地产生了显著的减排作用，能源结构效应和人口规模效应在大部分地区产生了增排作用，且比例均较低。因此各地区最大的增排因素便是人均 GDP 效应，基于此，最应采取的行动是产业结构调整。

第七章

中国交通运输碳排放情景模拟

碳排放未来情景模拟和碳减排潜力研究的方法有许多（张建民，2016；何建坤，2013；林伯强、李江龙，2015；周勇，2016；郦芳等，2016；郭朝先，2014），按照不同的研究需要和数据基础可分为以下主要几类。

一是基于计量经济学的方法，代表性模型为STIRPAT。该类模型用与碳排放相关的变量（如人口、产值、技术水平）及其影响程度系数（指数）构成碳排放的表达式，根据历史数据利用统计学方法求得各影响系数的值，从而得到预测未来碳排放量的方程。在模型构建过程中，可根据需要考察的碳排放影响因素灵活地增加变量（如产业结构），也可增加产值水平的平方项考察可能存在的环境库兹涅茨效应（李莉、王建军，2015；刘晴川等，2017 ；范登龙等，2017）。

二是基于碳排放基本公式的方法，代表性模型为Kaya恒等式。Kaya恒等式将碳排放表示为人口、人均GDP、单位GDP能耗和单位能耗碳排放的乘积，也可调整为GDP、单位GDP碳排放的乘积等其他恒等式形式，对各乘积项进行不同情景的参数预测，代入公式可计算碳排放。该方法相较于基于计量经济学的方法，优点在于：预测方程为恒等式，不依赖历史数据，预测结果可靠性仅取决于参数设定的合理性（代如锋等，2017；杨慧，2012；胡彩梅等，2012）。

三是基于能源消费需求和技术参数的“自下而上”方法，代表性模型为LEAP。LEAP模型将碳排放表示为各种能源的消费水平、利用效率、碳排放系数的乘积，在能源加工转换、工业、建筑、交通运输、居民生活等各部门有不同的具体表达式。设定随时间变化的不同部门下的各变量的变化情况，即可得到各部门和总体的随时间变化的碳排放量。该类模型的特点是，需要获取各部门较详细的技术参数和需求量进行"自下而上"的预测，预测过程中可获得实现排放情景的具体路径（周丽娜，2015；杨顺顺，2017；周晟吕等，2015；张建珍等，2017）。

四是基于最优化模型的方法，代表性模型为中国 TIMES。运用该类模型时，一般已确定碳排放峰值的年份目标并设定为重要的约束条件，通常以碳减排成本最小化为目标函数，求解实现峰值目标的路径（也称为倒逼分析、回溯分析）。以 TIMES 为代表的最优化模型详细描述了能源供应、能源转换、终端能源需求等能源平衡关系以及各项技术的成本，以能源需求量为模型输入变量，各决策变量的求解结果即为符合约束条件的最优化达峰路径。最优化模型也可以仅针对能源效率、能源结构等宏观决策变量来构建（马丁、陈文颖，2016，2017；李娜，2013；尹祥、陈文颖，2013）。

五是基于一般均衡原理的方法，代表性模型为 CGE。经济—能源—环境是一个复杂系统，仅依靠简单模型对系统进行模拟，其结果可能和实际情况存在偏差。CGE（可计算一般均衡）模型则对经济、能源、环境等子系统各要素进行描述，基于一般均衡的假设，构建跨部门耦合的系统模型，输入情景参数后根据各子系统相互作用的规则运行，最后可得到由模型运算输出的碳排放总量。该类模型需要进行大量的数据收集和处理工作（袁永娜等，2012；王勇等，2017；刘小敏、付加锋，2011；任松彦等，2016；张楠，2017）。

六是专门针对复杂非线性系统的神经网络方法，代表性模型为灰色系统和 BP 神经网络相结合的预测模型。这种方法是一种监督式的学习算法，不直接给出影响因素与预测目标之间的函数关系，但通过输入历史数据作为学习样本，使用训练和检验的方法反复调整中间隐藏的对应关系，最终使输出值与期望值接近。这种模型理论上可以精确模拟任何因素与研究目标之间的关系，但若不谨慎选择影响因素，易出现随意性较大的问题，因此在使用此方法前需验证所选择的影响因素与目标对象的关联性（杨克磊、张振宇，2014）。

无论以上哪一类峰值研究方法，均需要进行情景设置，在未来不同的经济发展、能源生产和消费、能源效率提升等参数情景下预测碳排放可能的变化趋势，或作为最优化分析的约束条件。情景设置应根据已确定或相对明确的经济社会和能源发展领域的规划目标、未来经济发展和产业结构变化趋势等，设定各项参数，组成具有代表性和合理性的情景，模拟各情景的碳排放情况，以及实现各情景的路径。由于影响中国交通运输碳排放的因素众多，它们的相互作用关系复杂，所以本章将采用 BP 神经网络预测模型进行情景模拟。

一 BP 神经网络预测模型

BP（Back Propagation）神经网络预测模型是一种多层前馈网络算法，BP 神经网络可以用来学习并储存输入和输出信号间的关联，而无须建立起严格的数学公式来描述这些关联。它的学习过程采用最速下降法，并通过反向传播误差来调整权重值，使计算得到的均方误差最终小于所设定的阈值。

BP 神经网络的学习算法主要包括两个部分，即向前传播操作信号和反向传播误差信号。向前传播操作信号是指输入信号从输入层传递给隐含层，再从隐含层传递到输出层，如图 7.1 所示。在向前传播的过程中，权重值和偏移量为固定值，而网络中每一层神经元的状态都只会对其下一层神经元产生影响。如果最终输出层的结果在设定的阈值之外，则算法转变为反向传播误差信号。在这一阶段，输出结果与预期结果间的差值定义为误差信号，它从输出端反向经过隐含层传递回输入层。在反向传播误差信号的过程中，网络的权重值会依据误差反馈进行调整，通过不断修正权重值和偏移量，神经网络输出的结果会越来越接近设定的期望值。

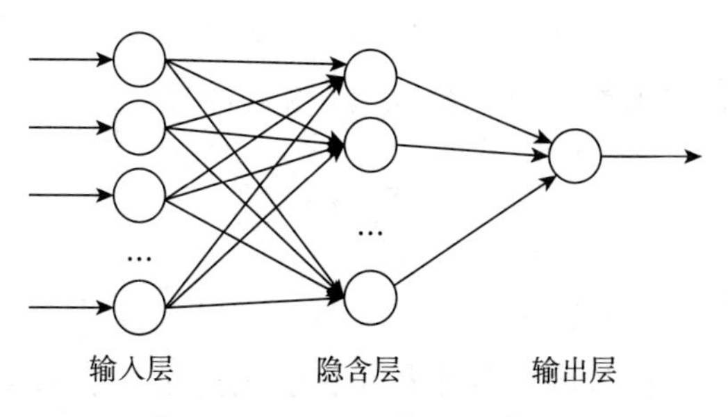

图 7.1　三层 BP 神经网络结构

Funahashi（1989）证明了在隐含层节点数足够多的情况下，只需 3 个隐含层便可用任意精度逼近任何连续函数。Hornik 等（1990）也证明了人工神经网络可以描述样品间蕴含的非线性关系，并可以重现过去大部分数学函数所建立的内在关联。目前，BP 神经网络已被广泛用于资源环境、经济管理、信息工程、能源工程、交通运输等各种领域的预测和预警，如可用于石油安全预警（范秋芳，2007）、股票市场涨跌预测（吴微等，2001）、上市公司财务预警（杨淑娥、黄礼，2005）、短期风电功率预测（师洪涛等，2011）、短期风速预测（王德明等，2012）、短时交通流预测（李松等，2012）、铁路客运量预测（王卓等，2005）等。

本章将使用 BP 神经网络预测模型来分析碳排放量与各个影响因素之间的非线性关系，并预测碳排放量在将来的变化趋势，从而为制定能源战略和碳排放激励政策提供一定的启发，提出适宜的建议。

（一）BP 神经网络的计算

BP 神经网络中隐含层神经元的输出可以由公式（7.1）计算：

$$x_i^{t+1} = f\left(\sum_{j=1}^{p^t} w_{ij}^t x_j^t + w_{i0}^t\right), i = 1,2,\cdots,p^{t+1} \tag{7.1}$$

公式（7.1）中，p^t表示第 t 层神经元的个数，x_j^t表示第 t 层的第 j 个神经元，$t=0$时对应为输入层。假设有 n 个隐含层，则 t 的最大取值为 $n+1$，$t=n+1$ 时对应为输出层。w_{ij}^t为第 t 层的第 j 个神经元对第 $t+1$ 层的第 i 个神经元影响程度的权重值，w_{i0}^t为第 $t+1$ 层神经元 i 的阈值，$\sum_{j=1}^{p^t} w_{ij}^t x_j^t + w_{i0}^t$ 表示对第 t 层的 p^t个神经元进行加权求和。函数 $f(x)$

表示一个无记忆性的非线性激励函数，用来改变神经元的输出。

输出层的误差函数可以由公式（7.2）计算：

$$E = \frac{1}{2}\sum_{j=1}^{p^{n+1}}(d_j - x_j^{n+1}) \tag{7.2}$$

其中，d_j为输出期望值。

反向传播误差信号的过程中权重值会通过公式（7.3）进行修正：

$$\Delta w_{ij}^{t} = \eta\, \delta_j^{t} x_j^{t+1} \tag{7.3}$$

其中，η 为学习率，δ_j^t为误差信号。

为了消除计算中输入数据的量纲不同所产生的影响，需要首先对其进行归一化处理，使之位于［0，1］区间内。本章使用公式（7.4）进行处理：

$$x_i^0 = \frac{I_i - I_{\min}}{I_{\max} - I_{\min}}, i = 1,2,\cdots,p^0 \tag{7.4}$$

公式（7.4）中，I_i代表输入数据，$I_{\max}$和$I_{\min}$分别代表输入数据中的最大值和最小值。

本章将使用 MATLAB 神经网络工具箱中的 BP 神经网络预测模型来研究和预测在不同情景下的碳排放总量，相关输入数据采用 2000—2016 年每年的人口数、人均 GDP、能源消费量、清洁能源消费比例以及铁路和水路能源消费比例。在 2000—2016 年 17 个年份中随机选取 11 个年份的数据为训练样本，3 个年份的数据为检验样本，剩余 3 个年份为测试样本。模型采用 Levenberg-Marquardt（LM）算法进行训练，这种方法将最速下降法和高斯 - 牛顿算法相结合，可以给出精度较高且收敛速度较快的结果。

（二）BP 神经网络输入层的选择

结合现有研究和前文的分析，本章决定选择人均 GDP、人口数、交通运输能源消费量、清洁能源消费比例、铁路和水路能源消费比例 5 个因素作为影响中国交通运输碳排放的输入层。

通常来说，人均 GDP 越高，中国的经济水平越发达，则交通运输需求就越大，能源消费和碳排放就越多。由前文对中国交通运输碳排放驱动因素的分解分析可知，人均 GDP 效应在全国范围或省（区、市）尺度的贡献量均最大，是最主要的影响因素。许多已有碳排放预测研究也认为人均 GDP 是影响中国交通运输碳排放的重要因素并将其作为 BP 神经网络的输入层，如对世界碳排放的预测（王艳旭，2016）、对中国碳排放的未来情景预测（宋杰鲲、张宇，2011；董聪等，2018；纪广月，2014）、对中国煤炭消费和碳排放量的预测（张正球、陈娅，2015）等。

中国是世界人口第一大国，通常来说，人口越多，交通运输需求就越大，能源消费和碳排放就越多，人口因素不可忽略。由前文对中国交通运输碳排放驱动因素的分解分析可知，虽然人口对全国尺度的贡献较小，但一直都起增排效应；在省（区、市）尺度，人口是大部分地区第二大的增排因素。已有研究大部分是对中国碳减排对策的研究（陈腾飞，2016；万里洋等，2017；宋杰鲲、张宇，2011）、对中国碳排放强度的预测（赵成柏、毛春梅，2012）、对河北省碳排放增长因素的分析（于维洋、赵会宁，2013）等。

除了以上两个影响最大且最常被采用的输入因素以外，学者们还选取了多种能源结构、能源效率、产业结构、政策严格程度等因素来模拟碳排放。考虑到 IEA 在能源技术展望中对影响全球交通运输碳减排技术和政策的分析，为了实现增温 2℃ 情景中的交通能源变化趋势，需要在直接减少一次能源使用（Avoid）、能源消费转移（Shift）、使用清洁能源（Low-carbon Fuels）和提高机车效率（Efficient Vehicles）四个方面努力（IEA，2015，2017），其中，前三种技术和政策的作用最显著，也是本书使用 LMDI 进行全国和省（区、市）尺度交通运输碳排放驱动因素分解分析中贡献最大的因素。

本章选取“中国交通运输能源消费量”因素对应“Avoid”，在情景设置中通过减少能源消费量来反映其对发展低碳交通的直接影响；选取“铁路和水路能源消费比例”对应“Shift”，在情景设置中通过增加铁路和水路能源消费比例来反映交通运输量的结构优化，这也是国务院《“十三五”控制温室气体排放工作方案》对建设低碳交通运输体系的要求；选取“清洁能源消费比例”对应“Low-carbon Fuels”，在情景设置中通过增加清洁能源的消费比例来反映能源结构的优化，这也是中国在《巴黎协定》中提到的自主碳减排目标。而对这些影响因素设置不同的情景，便可反映出中国碳减排政策严格程度，因此无须在输入层额外增加这一因素。

（三）BP神经网络计算结果的检验

根据MATLAB的随机选择，检验样本为2001年、2009年和2011年，测试样本为2003年、2006年和2015年，其余年份均为训练样本。模型中包含1个隐含层和10个隐含节点。将学习率设为5%，目标误差设为277（约为2016年中国交通运输碳排放总量的1%），迭代次数最大值设为500，最后得到输出结果（见图7.2）。

由图7.2可知，训练样本、检验样本和测试样本的仿真输出计算值都与实际值十分接近，绝对误差相差220万吨碳当量以内。通过线性拟合得到的相关系数为0.99987，进一步说明模型的准确性以及训练网络较强的泛化能力。因此，本模型可用于分析和预测中国未来的碳排放量变化趋势，接下来本章将开展2017—2050年不同的政策情景下碳排放量曲线的模拟。

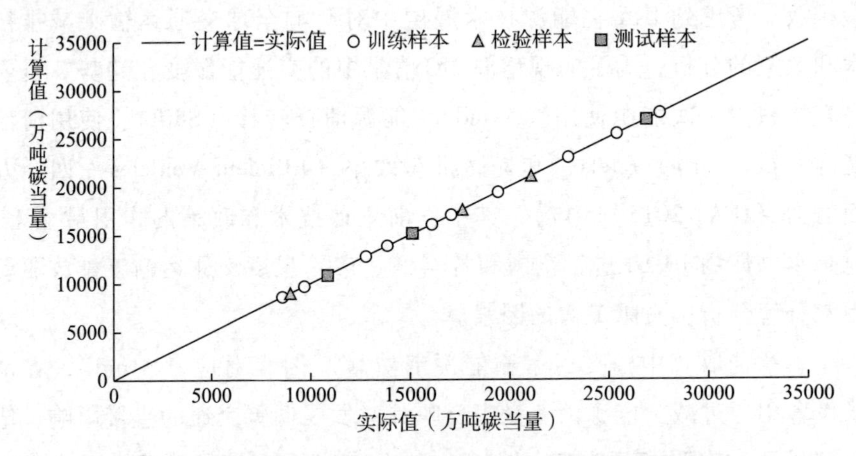

图7.2 训练样本、检验样本和测试样本的计算值与实际值

二 中国交通运输碳排放情景设置

为了模拟未来中国交通运输碳排放，首先需要确定不同政策情景下 BP 模型的输入数据的变化，即人口数、人均 GDP、能源消费量、清洁能源消费比例以及铁路和水路能源消费比例这 5 个变量的数值变化。在此，我们设定 4 个情景进行模拟，分别是基础情景、政策情景、严格政策情景 1 和严格政策情景 2，对应的输入变量如图 7.3 和表 7.1 所示。

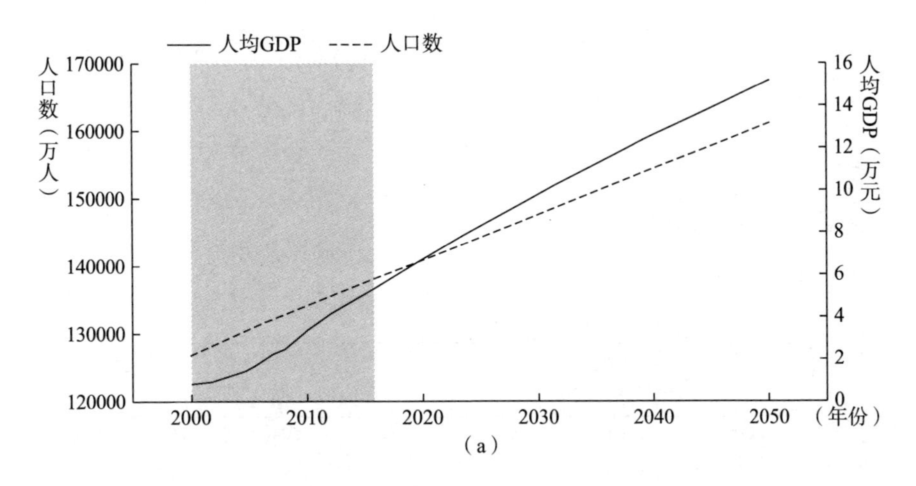

（a）

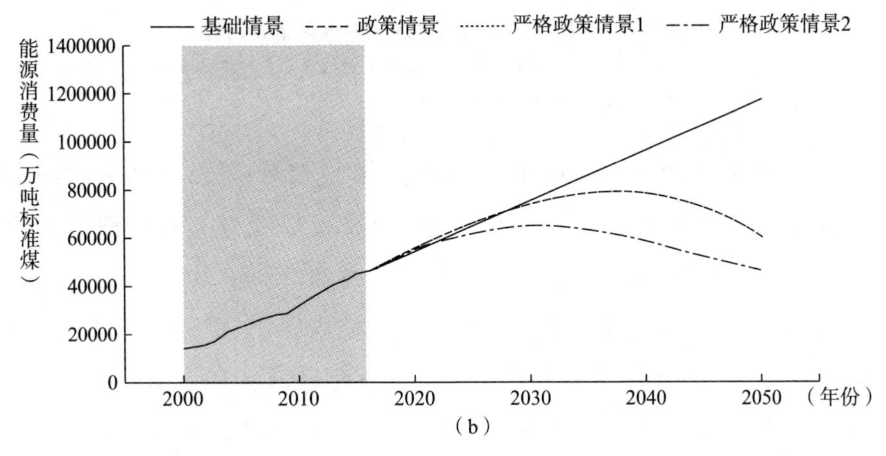

（b）

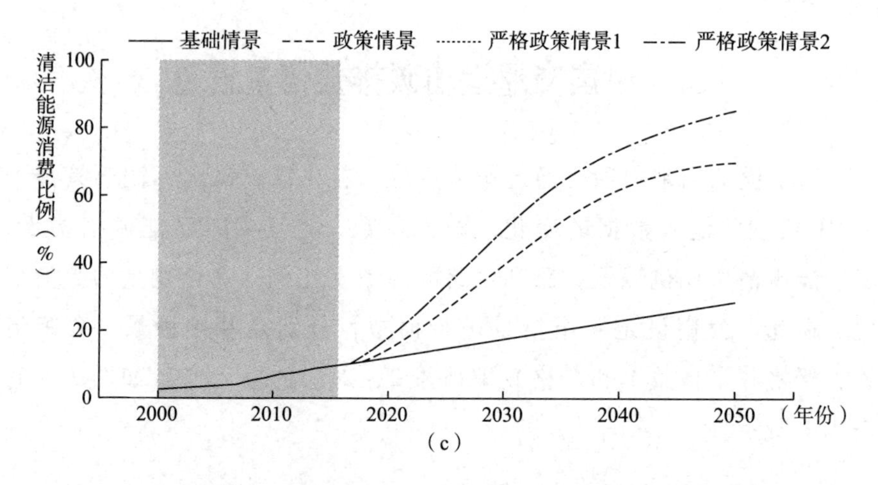

（c）

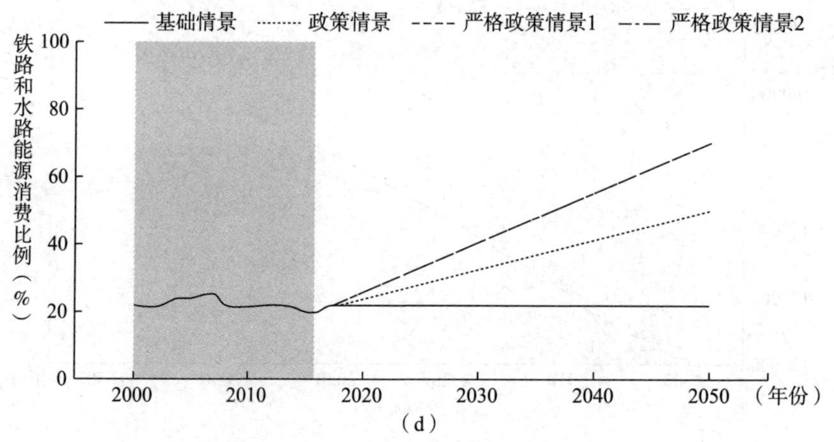

（d）

图 7.3　中国交通运输碳排放影响因素情景设置

注：图 7.3（b）中政策情景和严格政策情景 1 曲线重合，图 7.3（c）和图 7.3（d）中严格政策情景 1 和严格政策情景 2 曲线重合。

基础情景即 Business As Usual 情景，在此情景中，5 个因素按照历史发展趋势继续变化。假定人均 GDP、人口数、交通运输能源消费量和清洁能源消费比例按线性变化，线性方程由 2000—2016 年的数据确定。由于铁路和水路能源消费比例在研究期内在 19.8% 和 25.2% 之间小幅波动，且 2007 年后一直下降，至 2016 年已低至 19.8%，若使用线性拟合，这一数据还会继续下降。未来若有交通运输结构调整的强制性政策，理论上这个数据便不会降至过低水平，本章在之后的年份中将其固定为22%。

表7.1　中国交通运输碳排放影响因素2030年和2050年的情景设置

影响因素	S1 基础情景		S2 政策情景		S3 严格政策情景1		S4 严格政策情景2	
	2030年	2050年	2030年	2050年	2030年	2050年	2030年	2050年
人均GDP（亿元）	9.78	15.17	9.78	15.17	9.78	15.17	9.78	15.17
人口数（亿人）	14.76	16.11	14.76	16.11	14.76	16.11	14.76	16.11
能源消费量（亿吨标准煤）	7.52	11.73	7.39	6.00	7.39	6.00	6.49	4.62
清洁能源消费比例（%）	17	28	40	70	60	85	60	85
铁路和水路能源消费比例（%）	22	22	32	50	40	70	40	70

政策情景即根据中国在《巴黎协定》中自主贡献的目标设定的情景。在此情景中人口数和人均GDP均与基础情景相同，采用线性变化进行描述。由于中国交通运输能源消费量的变化直接影响碳排放的变化，且二者变化趋势基本一致。结合已达峰国家的经验，交通运输业是最晚达峰的部门，若中国2030年能实现碳排放达峰，则设置交通运输碳排放在2030—2040年达峰，那么交通运输能源消费量也有很大可能在此期间达峰。对2000—2016年的所有数据进行三次函数的拟合，结果显示，交通运输能源消费量预计在2037年达峰，之后持续下降。

中国自主设定可再生能源在2030年达到20%左右的目标，本书选取的清洁能源范围比可再生能源大，还包括天然气和液化天然气，因此在此情景中设置的2030年比例应高于20%，设置为40%左右。清洁能源消费比例考虑在2020—2040年加速发展，因此采用四次函数进行描述，通过调整参数使之在2030年达到40%，得到2050年可达到70%的结果。

铁路和水路能源消费比例则采用线性函数描述，使之在2050年达到50%，得到2030年达到32%的结果，函数参数由此确定。

如果实现中国在《巴黎协定》中的自主贡献目标，只能将全球升温在50%的可能性上控制在2℃以内，若想将这一概率继续提高，需要采取更严格的技术标准和政策。因此，本书除了政策情景外，还参考IEA在2017年能源技术展望中的“实现50%概率上的2100年全球平均增温1.75℃”目标，设置了两个超越政策情景的严格政策情景，并探究这两种情景的碳减排效果。

在严格政策情景1中，人均GDP、人口数和能源消费量均与政策情景相同。清洁能源消费比例考虑进一步提高，因此仍采用四次函数描述，通过调整参数使之在2050年达到85%。铁路和水路能源消费比例同样也进一步提高，使之在2050年达到70%，其变化也仍然采用线性函数描述。

在严格政策情景2中，人均GDP、人口数、清洁能源消费比例以及铁路和水路能源消费比例均与严格政策情景1相同。能源消费量则是考虑在2030年达峰，因此采用三次函数进行描述。

在两个严格政策情景中，只有能源消费量的区别，一个与政策情景相同，在2037年达峰；另一个设置了更严格的情景，在2030年达峰。除此之外，另外两个因素清洁能源消费比例以及铁路和水路能源消费比例，都设置了比政策情景中的比例更严格的情景。

四种情景分别对应不同的政策倾向，但都是纯技术情景，只探讨技术和政策对中国交通运输能源消费碳减排的效果，而不牺牲经济和人口发展。通过四种情景的设置，本章试图回答，如果只使用能源技术和政策而不牺牲经济和人口发展，能否实现中国交通运输碳排放在2040年之前达峰，控制哪个因素对控制中国交通运输能源消费碳减排的效率最高。

三　中国交通运输碳排放情景分析

2017—2050年中国交通运输碳排放情景模拟结果如图7.4所示。由图可知，在基础情景中，若不采取任何控制措施，未来中国交通运输碳排放将持续高速增长，在2030年达到4.26亿吨碳当量，2050年达到5.88亿吨碳当量，比2016年增加1.13倍，2017—2050年平均增速高达2.25%，略低于历史增速，且完全没有达峰迹象，这是我们绝对不愿意看到的结果。因此，不能放任交通运输碳排放毫无节制地继续增长，必须使用技术和政策进行干预。

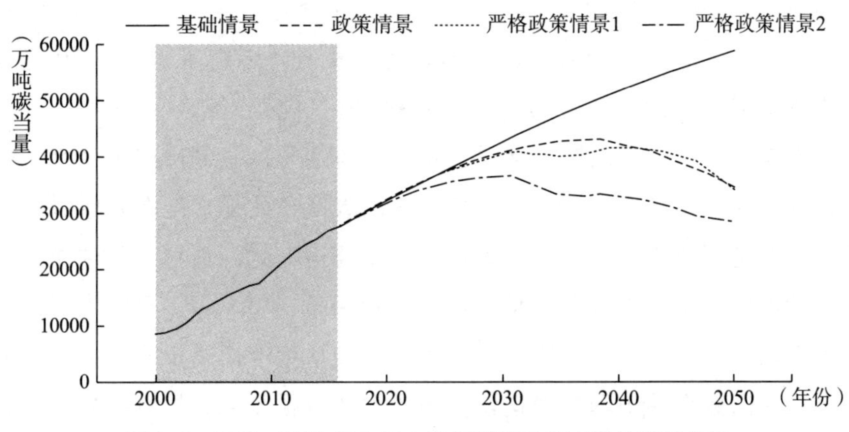

图7.4　2000—2050年中国交通运输碳排放实际及模拟结果

令人欣喜的是，在政策情景中，中国交通运输碳排放比基础情景增速更慢，并在2038年达峰，只比交通运输能源消费量达峰时间滞后1年。峰值为4.31亿吨碳当量，是2016年碳排放的1.56倍，2017—2038年碳排放年均增速为2.15%。在此之后碳排放便以年均1.67%的速度持续减少，且降速不断加快，在2050年达到3.46亿吨碳当量，约为2016年的1.25倍，是峰值的0.80倍。这说明只要中国按照在《巴黎协定》中的自主设置目标部署低碳交通工作，通过降低能源消费总量、调整能源结构（提高清洁能源比例）和运输结构（提高铁路和水路能源消费比例），便可以在不牺牲经济和人口发展的同时实现交通运输碳排放在2040年前达峰。

两个严格政策情景的碳减排效果都好于政策情景，但碳减排效果差距较大。在严格政策情景1中，碳排放约在2031年实现短暂达峰，在2036年后却出现了反弹，直至2040年才又一次实现达峰，峰值为4.14亿吨碳当量，比政策情景的峰值低0.17亿吨碳当量。但在2043—2049年，碳排放量都略高于政策情景。2050年碳排放量为3.41亿吨碳当量，只比2050年政策情景的碳排放低0.05亿吨碳当量。严格政策情景

2 的碳减排效果更为显著，在 2030 年便实现达峰，与能源消费量达峰时间一致，峰值为 3.66 亿吨碳当量，比政策情景的峰值低 0.65 亿吨碳当量，且在此之后碳排放量在波动中以年均 1.24% 的变化率持续下降，至 2050 年已低至 2.84 亿吨碳当量，比峰值还低 0.82 亿吨碳当量。2017—2050 年，严格政策情景 1 累计可比普通政策情景减少 1.60 亿吨碳当量，但比严格政策情景 2 多排放 14.70 亿吨碳当量。

事实上，两个严格政策情景已经比政策情景的限制严格了许多，但碳减排效果差距较大，严格政策情景 2 的碳减排效果甚至在有些时间段还低于普通的政策情景，说明直接减少交通运输能源消费才是碳减排最有效的措施，这也与 IEA 的情景模拟结论一致，"Avoid" 是发展低碳交通里贡献最大的技术和政策手段。因此，如果想使用最少成本在最短时间实现最高效率的中国交通运输能源消费碳减排效果，最重要的是直接减少交通运输领域一次能源的消费量。但也不能因此忽略能源结构的调整和交通运输结构的调整，只有将所有的技术和政策手段相结合，才能发挥出最大的交通运输碳减排效果，并在其他资源和环境领域给人类带来裨益。

或许，我们不用将图 7.4 中展示的情景模拟结果当作预测，而应视为一种决策辅助，分析和权衡选择不同政策所产生的定量化结果，为中国减缓气候变化的行动决策提供依据。

综上所述，本章通过设置 4 个情景和 5 个影响因素模拟了 2017—2050 年中国交通运输碳排放量，发现如果按照现有发展趋势而不采取任何控制措施，碳排放量将持续高速增长且毫无达峰迹象。如果按照中国在《巴黎协定》中的自主碳减排目标制定交通运输能源消费碳减排措施，控制能源消费、清洁能源比例、铁路和水路能源消费比例，则可以在不牺牲经济和人口发展的情况下实现 2038 年交通运输碳排放达峰，峰值为 4.31 亿吨碳当量，并在之后持续下降。若实施超越《巴黎协定》的自主碳减排目标措施，直接减少交通运输能源消费量的碳减排效果比优化能源结构和交通运输结构的更明显，不可忽视。当 2030 年交通运输能源消费量达峰、清洁能源比例 2030 年达 50%、铁路和水路能源消费比例2030年达40%时，中国交通运输碳排放便有望在2030年达峰，峰值为3.66亿吨碳当量，且在之后继续在小幅波动中下降。

四 本章小结

本章基于BP神经网络设置了4个情景和5个影响因素预测中国交通运输碳排放2017—2050年的发展情况，得到以下主要结论。

第一，如果人均GDP、人口数、交通运输能源消费量、清洁能源消费比例、铁路和水路能源消费比例按照现状继续发展，中国交通运输碳排放将持续高速增长，且完全没有减缓和达峰的迹象。

第二，如果按照中国在《巴黎协定》中的自主低碳发展目标制定减排行动方案，即中国能源消费量在2030—2040年达峰后下降，清洁能源消费比例在2030年达到40%，铁路和水路能源消费比例在2030年达到30%，则中国交通运输碳排放可以在不牺牲经济和人口发展的同时在2037年左右达峰且之后持续下降。

第三，在保持人口和经济发展速度不变的情况下，如果使用更严格的低碳交通技术和政策，可让中国交通运输碳排放进一步下降，且有望在2030年达峰，但会因所选择的技术种类不同导致效果不同。

第四，减少中国交通运输能源消费量是最根本、最有效的低碳发展措施，如果忽略这点而只采取其他方面更严格的措施，如能源结构调整、运输结构调整等，可能导致推行低碳交通效果不佳，事倍功半。

第 八 章

研究结论与政策建议

一 研究结论

为了回应研究目标中的五个问题，本书以中国交通运输碳排放为研究对象开展了翔实的研究：先明确其在世界交通运输碳排放中所处的位置和未来发展方向，然后结合中国实际情况和 IPCC 碳排放系数法对中国交通运输碳排放进行系统核算并分析现状，接着运用脱钩指数、赫斯特指数、核密度估计法和泰尔系数嵌套法分析时空演变特征，联立 Kaya 恒等式和 LMDI 模型分析各种因素对交通运输碳排放的驱动作用，最后使用 BP 神经网络预测模型进行未来发展趋势的情景模拟，得到以下主要结论。

（一）世界交通运输碳排放发展规律

第一，交通运输部门是全球石油消耗量最大、增长最快的部门，石油燃料也是交通运输部门使用最多的能源。世界能源终端消费里，交通运输部门的能源消费量不论是比例还是绝对值在所有部门中增速都最快，交通运输是世界节能的重点领域。

第二，通过研究世界各组织和地区 1971—2015 年的碳排放变化趋势推测，中国交通运输碳排放占比目前较低，但未来会出现工业碳排放下降、交通碳排放不断增加的趋势。

第三，已达峰或承诺达峰国家或地区交通运输碳排放与经济发展的脱钩状态依旧较差，本书推测交通运输碳排放达峰时间晚于温室气体达峰时间，交通运输碳排放可能是所有部门中最晚达峰的。

第四，为了实现交通运输领域的碳减排，减少一次能源消费量是最有效的方法，其次是碳转移（能源结构调整和交通工具调整），清洁能源和交通运输工具效率的作用比较有限。在所有交通运输形式里，道路货运的减排潜力最大。

第五，中国发展低碳交通压力巨大，如果采取合理的措施，能为世界和中国应对气候变化行动做出巨大贡献。

（二）中国交通运输碳排放核算与现状

第一，为了得到更贴近中国交通运输碳排放真实情况的核算结果，应全面考虑交通运输业、农业、工业、建筑业、服务业和居民生活消费的交通运输能源消费量，并使用本地化的碳排放因子进行核算。

第二，研究期内，中国交通运输周转量、能源消费量和碳排放量都持续快速增长，能源效率有所提高。周转量中占比最高的是水路货运、道路货运、铁路货运和铁路客运，但能源消费和碳排放中占比最高的却是道路交通，说明道路交通减排责任最大。

第三，研究期内，中国30个省（区、市）的交通运输周转量、能源消费量和碳排放量都持续快速增长，能源效率均有所提高，但区域差异明显，出现了先同步增长后两极分化的特点。

（三）中国交通运输碳排放时空演变特征

第一，在短时间序列视角里，使用脱钩弹性值发现研究期内中国交通运输碳排放与经济发展之间的脱钩状态主要为弱脱钩，经历了先恶化，再改善，后反弹，又缓慢下降的过程，后期状态与初期持平，说明整体脱钩状态在波动中平稳，很难改善，碳减排政策效果还有待改进。未来应通过优化能源结构的方式继续保持这个下降趋势，而不是寄希望于限制经济发展速度，否则可能恶化为联动增长的状态。30个省（区、市）交通运输碳排放与经济发展之间的脱钩状态以弱脱钩为主，在研究期内变化波动剧烈，并呈现先整体弱脱钩后两极分化的状态，需要对状态恶化的地区采取更严格的措施。

第二，在长时间序列视角里，使用赫斯特指数发现研究期内全国交通运输碳排放变化趋势的无序性逐渐增强，并在2012年达到最无序的状态，在此之后自相关性逐渐增强（主要是正相关关系），说明研究期内中国交通运输领域的低碳节能技术和政策取得了良好的效果，并在2012年达到最好状态。但2012年以后，碳排放增长又开始复苏，说明交通运输持续低碳发展的状态遇到瓶颈，若不探索更有效的解决办法，碳排放可能又将回到持续增长的状态。

第三，通过核密度估计方法发现，研究期内中国交通运输碳排放逐渐升高，区域差异日益增大；GDP与各地区交通运输碳排放量密切相关，GDP较高地区的碳排放在所有时间段都高于GDP较低的地区，且随着时间变化整体提高；GDP较低的地区里有许多地区的碳排放止步不前。GDP较高地区和较低地区碳排放的内部差异性在研究期内一直较大。中国交通运输碳排放强度逐渐降低，区域差异日益缩小，2013年后有些许增大；GDP与各地区交通运输碳排放强度密切相关，虽然以GDP划分的两种地区碳排放强度取值范围相似，但GDP较高地区的碳排放强度在所有时间段都有更多省（区、市）低于GDP较低的地区；GDP较低的地区里也存在部分省（区、市）的碳排放强度与全国最发达地区的强度水平齐平。GDP较高地区碳排放强度的内部差异一直低于GDP较低的地区。

第四，通过泰尔系数嵌套法发现，30个省（区、市）的碳排放强度差异较小，并在2009年后继续缩小。全国的差异主要来自按GDP区分的两组区域内部的差异，区域间的差异微乎其微，但在2009年后有逐渐增大的趋势。GDP较高地区的内部差异经历了先逐渐增大且一直小于全国差异，2009年后逐渐减小且大于全国差异的过程。GDP较低地区的内部差异在研究期内一直减小，且2009年后小于全国差异。GDP较高地区的内部差异正逐渐增大，说明有部分区域正在积极转型，但北京、四川等地的碳排放强度却在增大，必须采取最严格的手段，遏制这种恶化趋势。

（四）中国交通运输碳排放驱动因素分析

第一，人均GDP效应、交通运输用地面积效应、周转量结构效应、人口城镇化效应、人口规模效应和能源结构效应对中国交通运输碳排放起增排作用，其中人均GDP效应增排作用最显著；能源强度效应、周转量强度效应、建成区人口密度效应、交通运输用地比例效应和碳排放系数效应对中国交通运输碳排放起减排作用，其中能源强度效应的减排作用最显著。未来应在鼓励经济和社会正常发展的同时优化内部产业结构，并努力调整周转量结构和能源结构，将高耗能的道路和航空运输需求转移至水路和铁路，挖掘能源结构和周转量结构对中国交通运输的碳减排潜力。

第二，30个省（区、市）新增交通运输碳排放与经济发展密切相关，大体呈正相关关系。人均GDP效应在所有地区均产生了最显著的增排效果，碳排放系数效应均产生了减排效果。其他驱动因素在不同地区作用方向不同，应根据各地的资源禀赋和应对气候变化行动的实际效果来研究对策。大部分地区的能源强度效应和周转量强度效应对当地产生了显著的减排作用，能源结构效应和人口规模效应在大部分地区产生了增排效应，且比例均较低。因此各地区最大的增排因素便是人均GDP效应，最应采取的行动是产业结构调整。

（五）中国交通运输碳排放情景模拟

第一，如果人均GDP、人口数、交通运输能源消费量、清洁能源消费比例、铁路和水路能源消费比例按照现状继续发展，中国交通运输碳排放将持续高速增长，且完全没有减缓和达峰的迹象。

第二，如果按照中国在《巴黎协定》中的自主低碳发展目标制定减排行动方案，中国交通运输碳排放可以在不牺牲经济和人口发展的同时在2037年左右达峰且之后持续下降。

第三，在保持人口和经济发展速度不变的情况下，如果使用更严格的低碳交通技术和政策，可让中国交通运输碳排放进一步下降，且有望在2030年达峰，但会因所选择的技术种类不同导致效果不同。

第四，减少中国交通运输能源消费量是最根本、最有效的低碳发展措施。

二 中国发展低碳交通若干建议

（一）中国发展低碳交通现存问题

对中国交通运输能源消费碳排放进行细致分析后，发现虽然自2005年开始中国和各省（区、市）已采取许多节能减排措施，交通运输能源消费和碳排放效率以及与经济发展的脱钩状态都得到了优化，但2009年后便出现了反弹和恶化的趋势，直至2012年之后才有所改善，但效果有限，说明既有的技术和政策措施已不能完美满足中国的需求，尤其是在中国面对2030年碳排放达峰的目标时，更显示出政策调整的紧迫性。通过前文的分析，发现中国交通运输碳排放存在以下主要问题。

第一，能源消费量和周转量较高，增速较快。由国际发展低碳交通的经验和中国交通运输碳排放情景模拟可知，直接减少能源消费量是最好的减排方法，这意味着交通运输周转量也需要相应减少。但是研究期内中国交通运输能源消费量和周转量的增速都较快，结合世界交通运输历史发展趋势，未来中国的交通运输能源消费量和周转量还将进一步增加，这必定会带来大量的交通运输碳排放，对实现中国2030年碳排放达峰目标来说是极大的挑战。

第二，周转量结构不够合理。2000—2017年周转量结构效应是中国交通运输碳排放的第三大增排因素，说明研究期内周转量结构的变化不够理想。目前中国交通运输周转量中占比最高的是水路货运、道路货运、铁路货运和铁路客运，但能源消费和碳排放中占比最高的却是道路交通，说明道路交通的碳排放强度大，未来应减少道路运输，提高水路和铁路运输的比例。

第三，交通运输用地结构不够优化。2000—2017年交通运输用地面积效应是中国交通运输碳排放的第二大增排因素，说明研究期内中国交通运输用地面积的变化不够理想，虽然面积在逐年增加，但增长速度较慢。根据公安部2018年9月发布的数据，中国机动车驾驶人数已超过4亿，机动车数量超过3.22亿，给中国道路运输系统带来了巨大的压力，也是巨大的交通运输碳排放来源。交通运输用地面积在增速有限的情况下，应调整基础设施结构，修建更多便捷的公共交通运输设施来替代碳排放强度高的道路运输，发挥交通运输用地结构调整带来的碳减排潜力。

第四，各因素驱动方向和程度不同。中国交通运输碳排放的 11 个驱动因素中人均 GDP 效应、交通运输用地面积效应、周转量结构效应、人口城镇化效应、人口规模效应和能源结构效应起增排作用，其中人均 GDP 效应增排作用最显著；能源强度效应、周转量强度效应、建成区人口密度效应、交通运输用地比例效应和碳排放系数效应起减排作用，其中能源强度效应的减排作用最显著。应按照各种驱动因素的作用方向制定相应的低碳政策。人均 GDP 效应对 30 个省（区、市）交通运输碳排放都起最主要的增排作用，碳排放系数效应都起微弱的减排作用，能源结构效应、能源强度效应、周转量强度效应和人口规模效应的驱动效果方向不一致，制定各地区低碳交通政策时需因地制宜。

第五，交通运输碳排放两极分化。中国 30 个省（区、市）交通运输碳排放经历了先同步增长后两极分化的过程，说明有部分区域正在积极转型，但北京、四川等地的碳排放强度却在增大，必须采取最严格的手段，遏制这种恶化趋势。

（二）中国发展低碳交通若干建议

针对上述问题，建议从以下方面发展低碳交通。

第一，进行交通运输需求管理，减少不必要的交通运输周转量。这种减少需求的建议不是以牺牲生活便捷和生产要求为代价的盲目禁止，而是倡导一种更加集约、高效的运输方式。在货运方面，可在进行货物运输时装满所有车厢或集装箱再出发，必要时可以使用货运“共享”的方式；鼓励购买使用本地生产的商品，最大限度地减少商品在运输环节的碳足迹。在客运方面，以公共交通出行代替私人汽车出行，可以大大减少能源消费量，却不会减少周转量。

第二，调整交通运输周转量结构和能源结构。这种方法不用削减运输需求，只需将排放量较高的运输方式转换成排放量较低的运输方式，例如大宗货运更多使用水路运输和铁路运输，减少道路运输和航空运输；短距离出行不乘坐汽车，改成步行或骑单车的方式；使用更多LPG、LNP、电力或生物质燃料供能的汽车代替石油车；铁路电气化发展等。

第三，规划、建设和推广使用公共交通设施，尤其是单车道、步行道和大容量公共交通工具。公共交通工具尤其是大容量公共交通工具的好处有很多。其一，可以大大减少私人交通出行量，在不减少周转量的同时减少交通运输能源消费；其二，可以降低私人汽车所使用的汽油比例，优化能源结构；其三，可以减少拥堵，提高出行效率和人民生活水平。这种大容量公共交通工具主要包括BRT、地铁和轻轨等。

第四，优化产业结构。虽然目前经济发展是中国交通运输碳排放最主要的驱动因素，但通过情景模拟结果可知，可以不牺牲经济发展即可实现中国交通运输碳排放达峰。可以考虑通过调整产业结构，增加碳排放量低的科技密集型和知识密集型产业产出在全社会经济产出中的比例，提高能源密集型产业的能源效率，从而在经济发展的同时降低碳排放强度。

第五，提高居民受教育水平，倡导低碳生活方式。中国人口众多，随着居民生活水平的提高，私人汽车出行成为新的快速增长的能源需求源，倡导居民选择步行、单车、公交等方式出行代替私人汽车出行，可以直接减少大量汽油消费量、减少道路拥堵、提高出行效率。另外，还应倡导居民尽量使用碳排放足迹小的生活用品，减少各种产品在交通运输过程中产生的碳排放。

附录 《联合国气候变化框架公约》附件一和附件二国家及 OECD 国家和 G20 国家

组织	简介	包含的国家
附件一国家	ANNEX I Parities，指《京都议定书》附件一中所列的缔约国，主要是发达国家或地区，且包含经济转型的国家和地区。《京都议定书》是《联合国气候变化框架公约》的补充条款，1997 年 12 月首次在日本京都由联合国气候变化框架公约参加国三次会议制定，其目标是“将大气中的温室气体含量稳定在一个适当的水平，进而防止剧烈的气候改变对人类造成伤害”	澳大利亚、奥地利、白俄罗斯、比利时、保加利亚、加拿大、克罗地亚、塞浦路斯、捷克、丹麦、爱沙尼亚、芬兰、法国、德国、希腊、匈牙利、冰岛、爱尔兰、意大利、日本、拉脱维亚、列支敦士登（本书未统计此国数据）、立陶宛、卢森堡、马耳他、摩纳哥（数据包括在法国中）、荷兰、新西兰、挪威、波兰、葡萄牙、罗马尼亚、俄罗斯联邦、斯洛伐克、西班牙、瑞典、瑞士、土耳其、乌克兰、英国和美国
附件二国家	ANNEX II Parities，指 ANNEX I Parities 中除去经济转型中的国家或地区的其他成员	澳大利亚、奥地利、比利时、加拿大、丹麦、芬兰、法国、德国、希腊、冰岛、爱尔兰、意大利、日本、卢森堡、荷兰、新西兰、挪威、葡萄牙、西班牙、瑞士、瑞典、英国和美国

续表

组织	简介	包含的国家
OECD 国家	Organization for Economic Co-operation and Development，指经济合作与发展组织，简称经合组织，是市场经济国家组成的政府间国际经济组织，旨在共同应对全球化带来的经济、社会和政府治理等方面的挑战，并把握全球化带来的机遇。成立于 1961 年，截至 2018 年成员国总数 36 个，总部设在巴黎	澳大利亚、奥地利、比利时、加拿大、智利、捷克、丹麦、爱沙尼亚、芬兰、法国、德国、希腊、匈牙利、冰岛、爱尔兰、以色列、意大利、日本、韩国、拉脱维亚、立陶宛（加入时间为 2018 年 7 月，数据未列入本书）、卢森堡、墨西哥、荷兰、新西兰、挪威、波兰、葡萄牙、斯洛伐克、斯洛文尼亚、西班牙、瑞典、瑞士、土耳其、英国和美国
G20 国家	G20 指 20 国集团，是国际经济合作论坛，于 1999 年 9 月 25 日由八国集团（G8）的财长在华盛顿宣布成立，属于布雷顿森林体系框架内非正式对话的一种机制，由原八国集团以及其余 12 个重要经济体组成	美国、日本、德国、法国、英国、意大利、加拿大、俄罗斯、欧盟、澳大利亚、中国、南非、阿根廷、巴西、印度、印度尼西亚、墨西哥、沙特阿拉伯、土耳其和韩国

参考文献

安久煜，2016，《城市道路交通 CO_2 排放测算及其树木固碳方法研究》，硕士学位论文，东北林业大学。

白娟，2017，《交通运输业碳排放脱钩效应及其脱钩路径分析》，硕士学位论文，长安大学。

薄燕，2016，《〈巴黎协定〉坚持的“共区原则”与国际气候治理机制的变迁》，《气候变化研究进展》第3期。

蔡博峰、冯相昭、陈徐梅，2012，《交通二氧化碳排放和低碳发展》，化学工业出版社。

柴建、邢丽敏、周友洪等，2017，《交通运输结构调整对碳排放的影响效应研究》，《运筹与管理》第7期。

巢清尘、张永香、高翔等，2016，《巴黎协定——全球气候治理的新起点》，《气候变化研究进展》第1期。

陈百明、杜红亮，2006，《试论耕地占用与GDP增长的脱钩研究》，《资源科学》第5期。

陈海彬，2016，《广东省集装箱港口群多式联运集疏运系统建模与优化》，硕士学位论文，华南理工大学。

陈进杰、王兴举、王祥琴等，2016，《高速铁路全生命周期碳排放计算》，《铁道学报》第12期。

陈雷、林柏梁、王龙等，2015，《基于碳减排政策的多式联运运输方式选择优化模型》，《北京交通大学学报》第3期。

陈林，2013，《我国航空运输LTO阶段和巡航阶段排放量测算与预测》，《北京交通大学学报》（社会科学版）第4期。

陈腾飞，2016，《中国碳排放的智能预测及减碳对策研究》，硕士学位论文，华北水利水电大学。

陈友放、陈静，2011，《基于低碳视域下的水运管理研究》，信息技术、服务科学与工程管理国际学术会议，12月26日。

陈昭、梁静溪，2005，《赫斯特指数的分析与应用》，《中国软科学》第3期。

陈仲常、纪同辉，2012，《房地产价格指数时间序列R/S分析及政策价值》，《郑州航空工业管理学院学报》第3期。

池熊伟，2012a，《低碳交通的经济学分析》，硕士学位论文，浙江理工大学。

池熊伟，2012b，《中国交通部门碳排放分析》，《鄱阳湖学刊》第4期。

崔强、徐鑫、匡海波，2018，《基于RM-DEMATEL的交通运输低碳化能力影响因素分析》，《管理评论》第1期。

代如锋、丑洁明、董文杰等，2017，《中国碳排放的历史特征及未来趋势预测分析》，《北京师范大学学报》（自然科学版）第1期。

邓光耀、任苏灵，2017，《中国能源消费碳排放的动态演进及驱动因素分析》，《统计与决策》第18期。

邓华、段宁，2004，《“脱钩”评价模式及其对循环经济的影响》，《中国人口·资源与环境》第6期。

董聪、董秀成、蒋庆哲等，2018，《〈巴黎协定〉背景下中国碳排放情景预测：基于BP神经网络模型》，《生态经济》第2期。

董良，2013，《长三角地区服务业发展与碳排放的关系研究》，硕士学位论文，江南大学。

董思言、高学杰，2014，《长期气候变化：IPCC第五次评估报告解读》，《气候变化研究进展》第1期。

董雪旺，2011，《基于投入产出分析的区域旅游业碳足迹测度研究》，博士学位论文，南京大学。

杜红亮、陈百明，2007，《基于脱钩分析方法的建设占用耕地合理性研究》，《农业工程学报》第4期。

杜鹏、杨蕾，2015，《中国旅游交通碳足迹特征分析与低碳出行策略研究》，《生态经济》第2期。

杜强、孙强、杨琦等，2017，《中国交通运输业碳排放驱动因素的通径分析方法》，《交通运输工程学报》第2期。

段居琦、徐新武、高清竹，2014，《IPCC第五次评估报告关于适应气候变化与可持续发展的新认知》，《气候变化研究进展》第3期。

范登龙、黄毅祥、蒲勇健等，2017，《重庆市化石能源消耗的CO_2排放及其峰值测算研究》，《西南大学学报》（自然科学版）第6期。

范秋芳，2007，《中国石油安全预警及对策研究》，博士学位论文，中国科学技术大学。

冯旭杰，2014，《基于生命周期的高速铁路能源消耗和碳排放建模方法》，博士学位论文，北京交通大学。

高洁，2013，《交通运输碳排放时空特征及演变机理研究》，博士学位论文，长安大学。

高洁、张晓明、王建伟等，2013，《中国碳排放与交通运输碳排放重心演变及对比分析》，《生态经济》第8期。

高铁梅，2006，《计量经济分析方法与建模：EViews应用及实例》，清华大学出版社。

高翔，2016，《〈巴黎协定〉与国际减缓气候变化合作模式的变迁》，《气候变化研究进展》第2期。

高玉冰、毛显强、杨舒茜等，2013，《基于LCA的新能源轿车节能减排效果分析与评价》，《环境科学学报》第5期。

高志刚、刘晨跃，2015，《新疆经济发展与碳排放量的脱钩机理研究——基于tapio脱钩指数的分解》，《经济与管理评论》第4期。

耿丽敏、付加锋、宋玉祥，2012，《消费型碳排放及其核算体系研究》，《东北师大学报》（自然科学版）第2期。

龚迎节，2016，《悦来生态城土地使用的低碳化策略》，硕士学位论文，重庆大学。

关海波、金良，2012，《中国交通运输碳排放测度及未来减排情景模拟》，《未来与发展》第7期。

郭朝先，2014，《中国工业碳减排潜力估算》，《中国人口·资源与环境》第9期。

郭韬，2013，《中国城市空间形态对居民生活碳排放影响的实证研究》，博士学位论文，中国科学技术大学。

国家统计局，2018，《中国统计年鉴2018》，中国统计出版社。

国家统计局，2020，《中国统计年鉴2020》，中国统计出版社。

韩翠翠，2012，《陕西省产业碳排放影响因素分析》，硕士学位论文，陕西师范大学。

郝慧梅、任志远，2006，《近50a固阳县气候的Hurst分析》，《干旱区研究》第1期。

何彩虹，2012，《基于LMDI模型的上海市低碳交通发展研究》，硕士学位论文，合肥工业大学。

何建坤，2013，《CO_2排放峰值分析：中国的减排目标与对策》，《中国人口·资源与环境》第12期。

何建坤，2016，《〈巴黎协定〉新机制及其影响》，《世界环境》第1期。

胡彩梅、韦福雷、王攀等，2012，《黑龙江省能源消费碳排放量情景预测》，《资源开发与市场》第12期。

胡国权、赵宗慈，2014，《IPCC第五次评估报告中所用的气候模式有进步吗?》，《气候变化研究进展》第1期。

胡渊、刘峻峰、胡伟等，2016，《中国碳排放强度的区域差异、趋势演进与影响因素分析：基于30个省（市、区）1997—2012年面板数据》，《资源与产业》第5期。

槐联国、黄海荣、晏飞，2018，《新能源汽车替代燃油汽车减排成本效益研究》，《现代经济信息》第11期。

IPCC，1994，《联合国气候变化框架公约》，中国环境科学出版社。

姬文哲，2014，《天津市交通碳排放计算与减排对策研究》，硕士学位论文，天津大学。
纪广月，2014，《基于灰色关联分析的BP神经网络模型在中国碳排放预测中的应用》，《数学的实践与认识》第14期。
江敬东，2014，《中国特大城市家庭出行碳排放研究》，博士学位论文，武汉大学。
江泽民，2008，《对中国能源问题的思考》，《上海交通大学学报》第3期。
姜洋，2016，《基于城市形态的家庭出行碳排放模型研究》，博士学位论文，清华大学。
交通运输部，2014，《2013中国交通运输统计年鉴》，人民交通出版社。
景侨楠、罗雯、白宏涛等，2018，《城市能源碳排放估算方法探究》，《环境科学学报》第12期。
景真燕，2016，《城市住宅碳排放影响因素分析及改进对策研究》，硕士学位论文，重庆交通大学。
孔德龙，2003，《赫斯特指数及其在汇率波动分析中的应用》，《数量经济技术经济研究》第2期。
匡耀求、赵亚兰，2019，《脱钩分析英文术语名称的汉译》，《中国科技术语》第1期。
兰花，2012，《欧盟航空减排贸易指令的国际法分析——兼评中欧航空减排争议》，《北京理工大学学报》（社会科学版）第3期。
兰梓睿、张宏武，2014，《中国交通运输业碳排放效率的省际差异研究》，《物流技术》第7期。
黎仕国，2016，《中国城市化发展中城市道路交通碳排放研究》，《城市道桥与防洪》第9期。
李超男，2016，《城市道路交通碳排放及路域植被碳汇分析》，硕士学位论文，南京林业大学。
李飞虎、吴晓凌，2018，《全球气候行动峰会在美国加州召开》，搜狐网，9月14日，https://www.sohu.com/a/253874241_267106。
李虹、亚琨，2012，《我国产业碳排放与经济发展的关系研究——基于工业、建筑业、交通运输业面板数据的实证研究》,《宏观经济研究》第11期。

李俊峰、杨秀、张敏思,2014,《中国应对气候变化政策回顾与展望》,《中国能源》第2期。

李莉、王建军,2015,《高耗能行业结构调整和能效提高对我国 CO_2 排放峰值的影响——基于STIRPAT模型的实证分析》,《生态经济》第8期。

李连成、吴文化,2008,《我国交通运输业能源利用效率及发展趋势》,《综合运输》第3期。

李琳娜、Becky P. Y. Loo,2016,《中国客运交通的碳排放地理特征与展望》,《地理研究》第7期。

李玲,2016,《中国交通各部门 CO_2 排放差异和影响因素研究》,硕士学位论文,湖南大学。

李娜,2013,《碳排放约束下天津市发电系统的建模与政策分析》,硕士学位论文,天津大学。

李宁、孙涛,2016,《环境规制、水环境压力与经济增长——基于Tapio脱钩弹性的分解》,《科技管理研究》第4期。

李瑞,2016,《艾比湖地区的地表水资源时空分布特征及承载力评价研究》,硕士学位论文,新疆大学。

李若影,2017,《基于空间计量模型的中国交通运输业碳排放影响因素分析》,硕士学位论文,长安大学。

李松、刘力军、翟曼,2012,《改进粒子群算法优化BP神经网络的短时交通流预测》,《系统工程理论与实践》第9期。

李莹、高歌、宋连春,2014,《IPCC第五次评估报告对气候变化风险及风险管理的新认知》,《气候变化研究进展》第4期。

李振宇、李超、尹志芳,2014,《德国和日本交通碳排放发展及对中国的启示》,《公路与汽运》第1期。

李忠民、宋凯、孙耀华,2011,《碳排放与经济增长脱钩指标的实证测度》,《统计与决策》第14期。

郦芳、马磊磊、王飞，2016，《浅谈二氧化碳峰值排放目标实现路径》，《工程技术》（文摘版）第 8 期。

梁晨，2015，《民用车碳排放及碳税研究》，硕士学位论文，首都经济贸易大学。

梁静溪、陈昭，2004，《不同的分组方法对赫斯特指数的影响》，《中国软科学》第 9 期。

林伯强、李江龙，2015，《环境治理约束下的中国能源结构转变：基于煤炭和二氧化碳峰值的分析》，《中国社会科学》第 9 期。

林欣，2008，《基于赫斯特指数的股票风险研究》，《上海管理科学》第 5 期。

刘爱东、曾辉祥、刘文静，2014，《中国碳排放与出口贸易间脱钩关系实证》，《中国科技论坛》第 10 期。

刘佳宁，2016，《环渤海地区道路交通在碳排放中影响程度的实证研究》，硕士学位论文，北京交通大学。

刘璟，2013，《我国交通运输部门 CO_2 排放与低碳发展研究》，硕士学位论文，天津大学。

刘楠，2013，《城市物流业碳排放测算及影响因素分析》，硕士学位论文，长安大学。

刘倩、王琼、王遥，2016，《〈巴黎协定〉时代的气候融资：全球进展、治理挑战与中国对策》，《中国人口·资源与环境》第 12 期。

刘晴川、李强、郑旭煦等，2017，《基于化石能源消耗的重庆市二氧化碳排放峰值预测》，《环境科学学报》第 4 期。

刘小敏、付加锋，2011，《基于 CGE 模型的 2020 年中国碳排放强度目标分析》，《资源科学》第 4 期。

吕江，2016，《〈巴黎协定〉：新的制度安排、不确定性及中国选择》，《国际观察》第 3 期。

吕贤锋、潘小明，2017，《新能源客车节能减排技术的研究及其关键技术》，《工程技术》（全文版）第 4 期。

马丁、陈文颖，2016，《中国 2030 年碳排放峰值水平及达峰路径研究》，

《中国人口·资源与环境》第S1期。

马丁、陈文颖，2017，《基于中国TIMES模型的碳排放达峰路径》，《清华大学学报》（自然科学版）第10期。

马欣、李玉娥、何霄嘉等，2013，《〈联合国气候变化框架公约〉应对气候变化损失与危害问题谈判分析》，《气候变化研究进展》第5期。

毛晓颖，2013，《基于低碳视角的上海港集装箱多式联运中转站布局优化研究》，硕士学位论文，中国海洋大学。

彭佳雯、黄贤金、钟太洋等，2011，《中国经济增长与能源碳排放的脱钩研究》，《资源科学》第4期。

齐绍洲、林屾、王班班，2015，《中部六省经济增长方式对区域碳排放的影响——基于Tapio脱钩模型、面板数据的滞后期工具变量法的研究》，《中国人口·资源与环境》第5期。

秦大河、Thomas Stocker，2014，《IPCC第五次评估报告第一工作组报告的亮点结论》，《气候变化研究进展》第1期。

任松彦、汪鹏、赵黛青等，2016，《基于CGE模型的广东省重点行业碳排放上限及减排路径研究》，《生态经济》第7期。

芮晓丽，2017，《基于GWR模型的中国省域交通碳减排压力及能力研究》，硕士学位论文，长安大学。

商巍，2014，《基于结构分解分析模型的中国交通碳排放因素分析》，《河南商业高等专科学校学报》第3期。

沈满洪、池熊伟，2012，《中国交通部门碳排放增长的驱动因素分析》，《江淮论坛》第1期。

师洪涛、杨静玲、丁茂生等，2011，《基于小波—BP神经网络的短期风电功率预测方法》，《电力系统自动化》第16期。

师怡，2013，《环境权、航权与国家主权——欧盟航空排放指令的合法性反思》，《甘肃政法学院学报》第3期。

时兆会，2017，《基于STIRPAT模型北京市交通碳排放影响因素研究》，硕士学位论文，天津大学。

史洁，2015，《中国航空运输行业碳排放效率研究——基于非期望产出

SBM-DEA 模型》，《企业经济》第 6 期。

史永基、高雅利、王宇炎等，2011，《新能源汽车节能减排技术研究进展（1）——发动机系统》，《传感器世界》第 7 期。

宋杰鲲、张宇，2011，《基于 BP 神经网络的我国碳排放情景预测》，《科学技术与工程》第 17 期。

宋京妮、吴群琪、袁长伟等，2017，《基于地统计分析的中国省域交通运输系统碳排放时空特征研究》，《气候变化研究进展》第 5 期。

宋伟、陈百明、陈曦炜，2009，《常熟市耕地占用与经济增长的脱钩（decoupling）评价》，《自然资源学报》第 9 期。

孙骥姝、朱英如、孙春良等，2012，《天然气长输管道设计中的节能分析》，《石油规划设计》第 5 期。

孙婧，2014，《中国出口货物海运碳排放的测度及影响因素实证分析》，硕士学位论文，江西财经大学。

孙睿，2014，《Tapio 脱钩指数测算方法的改进及其应用》，《技术经济与管理研究》第 8 期。

汤嫣嫣，2017，《我国居民消费碳排放影响因素及其空间差异研究》，硕士学位论文，中国矿业大学。

唐葆君、马也，2016，《"十三五"北京市新能源汽车节能减排潜力》，《北京理工大学学报》（社会科学版）第 2 期。

田云、张俊飚、尹朝静等，2014，《中国农业碳排放分布动态与趋势演进：基于 31 个省（市、区）2002—2011 年的面板数据分析》，《中国人口·资源与环境》第 7 期。

万里洋、董会忠、张峰，2017，《中国碳排放主要影响因子贡献度及减排对策分析》，《环境科学与技术》第 3 期。

万明，2015，《交通运输概论》，人民交通出版社。

王爱虎、陈群，2015，《欧洲内河水运可持续发展历程解析——多式联运时代》，《华南理工大学学报》（社会科学版）第 2 期。

王琛娇，2012，《低碳视角下的城市交通发展路径研究》，硕士学位论文，江南大学。

王成新、苗毅、吴莹等，2017，《中国高速铁路运营的减碳及经济环境互馈影响研究》，《中国人口·资源与环境》第9期。

王德明、王莉、张广明，2012，《基于遗传BP神经网络的短期风速预测模型》，《浙江大学学报》（工学版）第5期。

王红岩、李景明、赵群等，2009，《中国新能源资源基础及发展前景展望》，《石油学报》第3期。

王君华、李霞，2015，《中国工业行业经济增长与CO_2排放的脱钩效应》，《经济地理》第5期。

王谋、潘家华、陈迎，2010，《〈美国清洁能源与安全法案〉的影响及意义》，《气候变化研究进展》第4期。

王绍武、罗勇、赵宗慈等，2013，《IPCC第5次评估报告问世》，《气候变化研究进展》第6期。

王淑纳，2014，《山东省碳排放与经济增长的脱钩关系及驱动因素》，《科技管理研究》第16期。

王天宁、丁巍，2011，《高速铁路能源消耗影响因素的探讨》，《上海节能》第11期。

王万军、路正南、朱东旦，2017，《动态预测视角下产业系统碳排放强度减排压力分析——基于低碳发展弹性系数的研究》，《江苏社会科学》第1期。

王文秀，2013，《广东省能源消费碳排放研究》，博士学位论文，中国科学院大学。

王艳旭，2016，《基于系统聚类与BP神经网络的世界碳排放预测模型及应用研究》，硕士学位论文，南昌大学。

王勇、王恩东、毕莹，2017，《不同情景下碳排放达峰对中国经济的影响：基于CGE模型的分析》，《资源科学》第10期。

王卓、王艳辉、贾利民等，2005，《改进的BP神经网络在铁路客运量时间序列预测中的应用》，《中国铁道科学》第2期。

魏艳旭，2012，《我国旅游交通碳排放及其地区差异的分析研究》，硕士学位论文，陕西师范大学。

邬尚霖，2016，《低碳导向下的广州地区城市设计策略研究》，博士学位论文，华南理工大学。

吴春涛、李熙、麦贤敏，2015，《中国航空碳排放区域差异及演变特征分析》，《规划师》第S2期。

吴隽隽，2016，《中国服务业生产物质性和污染性研究》，硕士学位论文，华东师范大学。

吴微、陈维强、刘波，2001，《用BP神经网络预测股票市场涨跌》，《大连理工大学学报》第1期。

香港特别行政区环境局，2015，《香港气候变化报告2015》。

谢进宇，2012，《基于离散模型的住区能耗与规划研究》，硕士学位论文，清华大学。

谢守红、蔡海亚、夏刚祥，2016，《中国交通运输业碳排放的测算及影响因素》，《干旱区资源与环境》第5期。

谢志平，2015，《辽西路网电气化改造的思考》，《铁道货运》第2期。

邢丽敏，2017，《中国交通能耗影响因素及节能减排潜力分析》，硕士学位论文，陕西师范大学。

熊桂武，2014，《带时间窗的多式联运运输优化研究》，博士学位论文，重庆大学。

徐雪艺，2018，《基于多维度控制的区域交通低碳化系统动力学模型研究》，硕士学位论文，北京交通大学。

许康生、李英、李秋红，2017，《甘肃三个台地磁日变赫斯特指数的时序特征》，《地震工程学报》第1期。

严筱，2016，《低碳交通背景下中国新能源汽车的市场扩散研究》，博士学位论文，中国地质大学。

杨彬、宁小莉，2015，《新型城镇化视角下中国交通运输碳排放测度及其空间格局分析》，《内蒙古师范大学学报》（自然科学汉文版）第5期。

杨慧，2012，《基于Kaya公式的中国碳排放影响因素的分析与预测》，硕士学位论文，暨南大学。

杨克、陈百明、宋伟，2009，《河北省耕地占用与GDP增长的脱钩分析》，《资源科学》第11期。

杨克磊、张振宇，2014，《天津市碳排放预测及低碳经济发展对策分析：基于改进GM（1，1）模型》，《重庆理工大学学报》（自然科学）第2期。

杨励雅，2007，《城市交通与土地利用相互关系的基础理论与方法研究》，博士学位论文，北京交通大学。

杨亮，2014，《基于消费水平的家庭碳排放谱研究》，博士学位论文，华东师范大学。

杨琦、朱容辉、赵小强，2014，《中国交通运输业的碳排放情景预测模型》，《长安大学学报》（自然科学版）第5期。

杨淑娥、黄礼，2005，《基于BP神经网络的上市公司财务预警模型》，《系统工程理论与实践》第1期。

杨顺顺，2017，《基于LEAP模型的长江经济带分区域碳排放核算及情景分析》，《生态经济》（中文版）第9期。

杨卫华、初金凤、吴哲等，2014，《新能源汽车碳减排计算及其影响因素分析》，《环境工程》第12期。

杨文越、李涛、曹小曙，2016，《中国交通CO_2排放时空格局演变及其影响因素——基于2000~2012年30个省（市）面板数据的分析》，《地理科学》第4期。

杨晓冬，2012，《宜宾市不同交通运输形式碳排放特征及演进动态分析》，硕士学位论文，西南交通大学。

杨绪彪、朱丽萍，2015，《碳中和增长目标下解决航空碳排放的路径选择》，《经济问题探索》第7期。

杨泽伟，2010，《〈2009年美国清洁能源与安全法〉及其对中国的启示》，《中国石油大学学报》（社会科学版）第1期。

姚丽敏，2016，《陕西省交通运输碳排放影响因素与减排路径研究》，硕士学位论文，长安大学。

叶中行、曹奕剑，2001，《Hurst指数在股票市场有效性分析中的应用》，

《系统工程》第 3 期。

尹鹏、段佩利、陈才，2016，《中国交通运输碳排放格局及其与经济增长的关系研究》，《干旱区资源与环境》第 5 期。

尹祥、陈文颖，2013，《基于中国 TIMES 模型的碳排放情景比较》，《清华大学学报》（自然科学版）第 9 期。

于宏源，2016，《〈巴黎协定〉、新的全球气候治理与中国的战略选择》，《太平洋学报》第 11 期。

于维洋、赵会宁，2013，《基于改进 BP 神经网络的河北省碳排放量增长影响因素分析》，《安全与环境学报》第 6 期。

于雯静，2012，《济南建设低碳城市路径研究》，硕士学位论文，山东师范大学。

袁长伟、张倩、芮晓丽等，2016，《中国交通运输碳排放时空演变及差异分析》，《环境科学学报》第 12 期。

袁长伟、张帅、焦萍等，2017，《中国省域交通运输全要素碳排放效率时空变化及影响因素研究》，《资源科学》第 4 期。

袁路、潘家华，2013，《Kaya 恒等式的碳排放驱动因素分解及其政策含义的局限性》，《气候变化研究进展》第 3 期。

袁永娜、石敏俊、李娜等，2012，《碳排放许可的强度分配标准与中国区域经济协调发展：基于 30 省区 CGE 模型的分析》，《气候变化研究进展》第 1 期。

曾文革、冯帅，2015，《巴黎协定能力建设条款：成就、不足与展望》，《环境保护》第 24 期。

翟盘茂、李蕾，2014，《IPCC 第五次评估报告反映的大气和地表的观测变化》，《气候变化研究进展》第 1 期。

张宏钧、王利宁、陈文颖，2017，《公路与铁路交通碳排放影响因素》，《清华大学学报》（自然科学版）第 4 期。

张会霞，2017，《我国交通行业碳排放影响因素与减排潜力研究》，硕士学位论文，华北电力大学。

张建民，2016，《2030 年中国实现二氧化碳排放峰值战略措施研究》，

《能源研究与利用》第6期。

张建珍、王小琛、台啟龙等，2017，《海南省交通运输业能源需求与碳排放预测分析》，《海南大学学报》（自然科学版）第2期。

张璐、田贵良、许长新，2012，《基于碳交易的低碳水运对区域经济的影响分析——以江苏省为例》，《水运管理》第7期。

张梦然，2010，《解开新能源的迷思——你所不知的清洁能源10个真相》，《今日科苑》第24期。

张楠，2017，《基于CGE模型的全国碳排放峰值目标区域分配方法研究》，硕士学位论文，天津科技大学。

张诗青、王建伟、郑文龙，2017，《中国交通运输碳排放及影响因素时空差异分析》，《环境科学学报》第12期。

张陶新，2013，《城市低碳交通发展指数研究》，《技术经济》第3期。

张陶新、曾熬志，2013，《中国交通碳排放空间计量分析》，《城市发展研究》第10期。

张玮、魏津瑜、康在龙等，2013，《低碳视角下的现代城市公共交通发展战略研究》，《科技管理研究》第20期。

张文龙，2016，《基于LMDI模型的京津冀物流业碳排放脱钩研究》，硕士学位论文，天津理工大学。

张曦、涂建华、朴丽静等，2016，《水运企业碳排放核算关键问题研究》，《中国船检》第11期。

张小平、王龙飞，2014，《甘肃省农业碳排放与经济增长的脱钩研究》，《资源开发与市场》第10期。

张晓华、高云、祁悦等，2014，《IPCC第五次评估报告第一工作组主要结论对〈联合国气候变化框架公约〉进程的影响分析》，《气候变化研究进展》第1期。

张璇，2017，《低碳环境下的多式联运路径优化研究》，硕士学位论文，河南大学。

张艳、秦耀辰、闫卫阳等，2012，《我国城市居民直接能耗的碳排放类型及影响因素》，《地理研究》第2期。

张燕、吴玉鸣，2007，《中国入境旅游人数发展趋势的分形分析》，《统计与决策》第1期。

张扬，2012，《我国新能源汽车减排潜力及成本分析》，《节能与环保》第8期。

张银太、冯相昭，2013，《城市交通与碳减排》，《城市问题》第10期。

张正球、陈娅，2015，《基于BP神经网络的我国煤炭消费和碳排放量预测》，《湖南大学学报》（社会科学版）第1期。

赵成柏、毛春梅，2012，《基于ARIMA和BP神经网络组合模型的我国碳排放强度预测》，《长江流域资源与环境》第6期。

赵凤彩、尹力刚、高兰，2014，《国际航空碳排放权分配公平性研究》，《气候变化研究进展》第6期。

赵晶、郭放、阿鲁斯等，2016，《未来航空燃料原料可持续性研究》，《北京航空航天大学学报》第11期。

赵敏，2010，《上海碳源碳汇结构变化及其驱动机制研究》，博士学位论文，华东师范大学。

赵巧芝、闫庆友、赵海蕊，2018，《中国省域碳排放的空间特征及影响因素》，《北京理工大学学报》（社会科学版）第1期。

赵宇，2014，《低碳出行，驱动未来——以特斯拉为例看中国纯电动汽车的发展》，《生态经济》（学术版）第2期。

赵玉焕、孔翠婷、李浩，2017，《京津冀地区经济增长与碳排放脱钩研究》，《中国能源》第6期。

郑启伟、何恒，2015，《浙江省碳排放与经济增长的脱钩关系及驱动因素研究》，《环境科学与管理》第12期。

钟太洋、黄贤金、韩立等，2010，《资源环境领域脱钩分析研究进展》，《自然资源学报》第8期。

周安、刘景林，2012，《新能源汽车对城市节能减排影响的新探索》，《学术交流》第7期。

周刚、刘渊，2007，《基于提升框架的赫斯特指数自适应估计方法》，《计算机工程与应用》第31期。

周丽娜，2015，《基于 LEAP 模型的山东省低碳发展情景分析研究》，硕士学位论文，山东财经大学。

周晟吕、胡静、李立峰，2015，《崇明岛中长期碳排放预测及其影响因素分析》，《长江流域资源与环境》第 4 期。

周新军，2009，《高速铁路与能源可持续发展》，《中国能源》第 3 期。

周新军，2013，《低碳环保高速铁路的未来发展潜力预测》，《电力与能源》第 5 期。

周新军，2016，《对铁路节能几个争议性问题的思考》，《电力需求侧管理》第 2 期。

周璇，2017，《关中城市群交通演变及生态影响分析》，硕士学位论文，长安大学。

周银香，2016，《交通碳排放与行业经济增长脱钩及耦合关系研究——基于 Tapio 脱钩模型和协整理论》，《经济问题探索》第 6 期。

周银香、洪兴建，2018，《中国交通业全要素碳排放效率的测度及动态驱动机理研究》，《商业经济与管理》第 5 期。

周银香、李蒙娟，2017，《基于 IEA 统计视角的我国交通碳排放测度与修正》，《绿色科技》第 12 期。

周勇，2016，《基于能源消费和 CO_2 排放峰值的中国未来经济增长速度预测》，《科学与管理》第 4 期。

周跃志、吕光辉、秦燕，2007，《天山北坡经济带绿洲生态经济脱钩分析》，《生态经济》(中文版) 第 9 期。

朱晓勤、王均，2012，《对美英航空碳税案判决的几点质疑——兼及中国的应对策略》，《江苏大学学报》(社会科学版) 第 5 期。

朱瑜、刘勇，2014，《欧盟碳排放交易新政、国际航空减排谈判与中国对策研究》，《国际论坛》第 6 期。

庄贵阳，2007，《低碳经济：气候变化背景下中国的发展之路》，气象出版社。

庄颖、夏斌，2017，《广东省交通碳排放核算及影响因素分析》，《环境科学研究》第 7 期。

Andreoni, V., S. Galmarini. 2012. "European CO_2 emission trends: A decomposition analysis for water and aviation transport sectors." *Energy* 45 (1): 595-602.

Ang, B. W. 2004. "Decomposition analysis for policymaking in energy: Which is the preferred method?" *Energy Policy* 32 (9): 1131-1139.

Ang, B. W. 2005. "The LMDI approach to decomposition analysis: A practical guide." *Energy Policy* 33 (7): 867-871.

Arar, J. I. 2010. "New directions: The electric car and carbon emissions in the US." *Atmospheric Environment* 5 (44): 733-734.

Ayres, R. U., L. W. Ayres, B. Warr. 2003. "Exergy, power and work in the US economy, 1900-1998." *Energy* 28 (3): 219-273.

Cai, B., H. Guo, L. Cao, et al. 2018. "Local strategies for China's carbon mitigation: An investigation of Chinese city-level CO_2 emissions." *Journal of Cleaner Production* 178 (1): 890-902.

Cai, B., W. Yang, D. Cao, et al. 2012. "Estimates of China's national and regional transport sector CO_2 emissions in 2007." *Energy Policy* 41 (1): 474-483.

Cansino, J. M., A. Sánchez-Braza, M. L. Rodríguez-Arévalo. 2015. "Driving forces of Spain's CO_2 emissions: A LMDI decomposition approach." *Renewable and Sustainable Energy Reviews* 48 (1): 749-759.

Cheng, X., Y. Huang, Y. Li, L. Zhang. 2010. "An investigation on spatial changing pattern of CO_2 emissions in China." *Resources Science* 32 (2): 211-217.

Chong, C. H., L. Ma, Z. Li, et al. 2015. "Logarithmic mean Divisia index (LMDI) decomposition of coal consumption in China based on the energy allocation diagram of coal flows." *Energy* 85 (1): 366-378.

Chung, W., G. Zhou, I. M. H. Yeung. 2013. "A study of energy efficiency of transport sector in China from 2003 to 2009." *Applied Energy* 112 (1): 1066-1077.

Diringer, E. 2013. "Climate change: A patchwork of emissions cuts." *Nature News* 501 (7467): 307.

Editorial. 2013a. "Déjà vu on climate change." *Nature Geoscience* 801 (6): 801.

Editorial. 2013b. "The final assessment." *Nature* 501 (281): 801.

Finel, N., P. Tapio. 2012. *Decoupling transport CO_2 from GDP*. Finland: Finland Futures Research Centre.

Funahashi, K. I. 1989. "On the approximate realization of continuous mappings by neural networks." *Neural Networks* 2 (3): 183 - 192.

González, P. F., M. Landajo, M. J. Presno. 2014. "Tracking European Union CO_2 emissions through LMDI (logarithmic-mean Divisia index) decomposition." *The Activity Revaluation Approach Energy* 73 (1): 741 - 750.

Guan, D., Z. Liu, W. Wei. 2015. "Make raw emissions data public in China." *Nature* 526 (7575): 640 - 640.

Guan, D., Z. Liu, Y. Geng, et al. 2012. "The gigatonne gap in China's carbon dioxide inventories." *Nature Climate Change* 2 (9): 672 - 675.

Hatzigeorgiou, E., H. Polatidis, D. Haralambopoulos. 2008. "CO_2 emissions in Greece for 1990 - 2002: A decomposition analysis and comparison of results using the Arithmetic Mean Divisia Index and Logarithmic Mean Divisia Index techniques." *Energy* 33 (3): 492 - 499.

Held, I. M. 2013. "Climate science: The cause of the pause." *Nature* 501 (7467): 318 - 319.

Hornik, K., M. Stinchcombe, H. White. 1990. "Universal approximation of an unknown mapping and its derivatives using multilayer feedforward networks." *Neural Networks* 3 (5): 551 - 560.

IEA. 2015. "Energy technology perspectives 2015: Mobilising innovation to accelerate climate action." Paris: International Energy Agency.

IEA. 2016. "Railway handbook 2016." Paris: International Energy Agency.

IEA. 2017. "Energy technology perspectives 2017: Catalysing energy technology transformations." Paris: International Energy Agency.

IEA. 2021. "Key world energy statistics 2021." Paris: International Energy Agency.

IEA, UIC. 2016. *Railway Handbook 2016*. OECD, IEA: France.

IPCC. 2015. "Climate change 2014: Mitigation of climate change." Intergovernmental Panel on Climate Change.

Jones, N. 2013a. "Climate assessments: 25 years of the IPCC." *Nature News* 501 (7467): 298.

Jones, N. 2013b. "Climate science: Rising tide." *Nature News* 501 (7467): 301.

Kaya, Y. 1989. "Impact of carbon dioxide emission control on GNP growth: Interpretation of proposed scenarios." Intergovernmental Panel on Climate Change/Response Strategies Working Group.

Kerr, R. A. 2013. "Climate science. The IPCC gains confidence in key forecast." *Science* 342 (6154): 23 -24.

Kiang, N., L. Schipper. 1996. "Energy trends in the Japanese transportation sector." *Transport Policy* 3 (1 -2): 21 -35.

Kintisch, E. 2013. "For researchers, IPCC leaves a deep impression." *Science* 342 (6154): 24 -24.

Kosaka, Y., S. P. Xie. 2013. "Recent global-warming hiatus tied to equatorial Pacific surface cooling." *Nature* 501 (7467): 403 -407.

Kwon, T. H. 2006. "The determinants of the changes in car fuel efficiency in Great Britain (1978 -2000)." *Energy Policy* 34 (15): 2405 -2412.

Lin, B., H. Long. 2016. "Emissions reduction in China's chemical industry—Based on LMDI." *Renewable and Sustainable Energy Reviews* 53 (1): 1348 -1355.

Michaelis, L., O. Davidson. 1996. "GHG mitigation in the transport sector." *Energy Policy* 24 (10 -11): 969 -984.

Mi, Z., J. Meng, D. Guan, et al. 2017. "Chinese CO_2 emission flows have reversed since the global financial crisis." *Nature Communications* 8 (1):

1 – 10.

Mousavi, B. , N. S. A. Lopez, J. B. M. Biona, et al. 2017. "Driving forces of Iran's CO_2 emissions from energy consumption: An LMDI decomposition approach." *Applied Energy* 206 (1): 804 – 814.

Moutinho, V. , M. Madaleno, R. Inglesi-Lotz, et al. 2018. "Factors affecting CO_2 emissions in top countries on renewable energies: A LMDI decomposition application." *Renewable and Sustainable Energy Reviews* 90 (1): 605 – 622.

Nan, Z. , M. D. Levine, L. Price. 2011. "Overview of current energy-efficiency policies in China." *Energy Policy* 38 (11): 6439 – 6452.

Pandit, M. K. 2013. "The Himalayas must be protected." *Nature News* 501 (7467): 283.

Papagiannaki, K. , D. Diakoulaki. 2009. "Decomposition analysis of CO_2 emissions from passenger cars: The cases of Greece and Denmark." *Energy Policy* 37 (8): 3259 – 3267.

Preston, J. 2001. "Integrating transport with socio-economic activity—A research agenda for the new millennium." *Journal of Transport Geography* 9 (1): 13 – 24.

Ruffing, K. 2007, "Indicators to measure decoupling of environmental pressure from economic growth." *Sustainability Indicators: A Scientific Assessment* 67 (1): 211.

Shan, Y. , D. Guan, H. Zheng, et al. 2018. "China CO_2 emission accounts 1997 – 2015." *Scientific Data* 5 (1): 1 – 14.

Shan, Y. , D. Guan, J. Liu, et al. 2017. "Methodology and applications of city level CO_2 emission accounts in China." *Journal of Cleaner Production* 161 (1): 1215 – 1225.

Shao, S. , L. Yang, C. Gan, et al. 2016. "Using an extended LMDI model to explore techno-economic drivers of energy-related industrial CO_2 emission changes: A case study for Shanghai (China)." *Renewable and Sustain-*

able Energy Reviews 55 (1): 516 – 536.

Solomon, S., M. Manning, M. Marquis, et al. 2007. *Climate change 2007—The physical science basis: Working group I contribution to the fourth assessment report of the IPCC*. Cambridge University Press.

Stead, D. 2001. "Transport intensity in Europe—Indicators and trends." *Transport Policy* 8 (1): 29 – 46.

Talukdar, D., C. M. Meisner. 2001. "Does the private sector help or hurt the environment? Evidence from carbon dioxide pollution in developing countries." *World Development* 29 (5): 827 – 840.

Tapio, P. 2005. "Towards a theory of decoupling: Degrees of decoupling in the EU and the case of road traffic in Finland between 1970 and 2001." *Transport Policy* 12 (2): 137 – 151.

Tapio, P., D. Banister, J. Luukkanen, et al. 2007. "Energy and transport in comparison: Immaterialisation, dematerialisation and decarbonisation in the EU15 between 1970 and 2000." *Energy Policy* 35 (1): 433 – 451.

Timilsina, G. R., A. Shrestha. 2009. "Transport sector CO_2 emissions growth in Asia: Underlying factors and policy options." *Energy Policy* 37 (11): 4523 – 4539.

Tirumalachetty, S., K. M. Kockelman, B. G. Nichols. 2013. "Forecasting greenhouse gas emissions from urban regions: Microsimulation of land use and transport patterns in Austin, Texas." *Journal of Transport Geography* 33 (1): 220 – 229.

UNFCCC. 2015. "United Nations framework convention on climate change." The Paris Agreement.

Wang, M., C. Feng. 2018. "Decomposing the change in energy consumption in China's nonferrous metal industry: An empirical analysis based on the LMDI method." *Renewable and Sustainable Energy Reviews* 82 (P3): 2652 – 2663.

Wang, W., X. Liu, M. Zhang, et al. 2014. "Using a new generalized LMDI (logarithmic mean Divisia index) method to analyze China's energy consumption." *Energy* 67 (1): 617 - 622.

Xu, B., B. Lin. 2015. "Carbon dioxide emissions reduction in China's transport sector: A dynamic VAR (vector autoregression) approach." *Energy* 83 (1): 486 - 495.

Xu, S. C., Z. X. He, R. Y. Long. 2014. "Factors that influence carbon emissions due to energy consumption in China: Decomposition analysis using LMDI." *Applied Energy* 127 (1): 182 - 193.

Yang, L., B. Lin. 2016. "Carbon dioxide-emission in China's power industry: Evidence and policy implications." *Renewable and Sustainable Energy Reviews* 100 (60): 258 - 267.

Yu, C., G. P. J. Dijkema, M. De Jong, et al. 2015a. "From an eco-industrial park towards an eco-city: A case study in Suzhou, China." *Journal of Cleaner Production* 102 (9): 264 - 274.

Yu, S., J. Zhang, S. Zheng, et al. 2015b. "Provincial carbon intensity abatement potential estimation in China: A PSO-GA-optimized multi-factor environmental learning curve method." *Energy Policy* 77 (1): 46 - 55.

Zachariadis, T. 2006. "On the baseline evolution of automobile fuel economy in Europe." *Energy Policy* 34 (14): 1773 - 1785.

Zhang, L., Y. X. Huang, Y. M. Li, et al. 2010. "An investigation on spatial changing pattern of CO_2 emissions in China." *Resources Science* 32 (2): 211 - 217.

Zhao, C., B. Chen. 2014. "Driving force analysis of the agricultural water footprint in China based on the LMDI method." *Environmental Science & Technology* 48 (21): 12723 - 12731.

Zhao, M., L. Tan, W. Zhang, et al. 2010a. "Decomposing the influencing factors of industrial carbon emissions in Shanghai using the LMDI method." *Energy* 35 (6): 2505 - 2510.

Zhao, X. L., H. Xu, J. Yang, et al. 2010b. "Study on Chinese industrial SO_2 emission intensity based on LMDI I and LMDI II method//2010 International Conference on Mechanic Automation and Control Engineering." IEEE, pp. 1665 – 1668.

Zhao, Y., Y. Kuang, N. Huang. 2016. "Decomposition analysis in decoupling transport output from carbon emissions in Guangdong Province." *China Energies* 9 (4): 295.

Zhou, G., W. Chung, X. Zhang. 2013. "A study of carbon dioxide emissions performance of China's transport sector." *Energy* 50 (1): 302 – 314.

Zhou, N., M. D. Levine, L. Price. 2010. "Overview of current energy-efficiency policies in China." *Energy Policy* 38 (11): 6439 – 6452.

图书在版编目(CIP)数据

中国交通运输碳排放研究 / 赵亚兰著. -- 北京 : 社会科学文献出版社, 2022.12

ISBN 978-7-5228-0734-8

Ⅰ.①中… Ⅱ.①赵… Ⅲ.①交通运输-二氧化碳-排气-研究-中国 Ⅳ.①X511

中国版本图书馆 CIP 数据核字 (2022) 第 169994 号

中国交通运输碳排放研究

著　　者 / 赵亚兰

出 版 人 / 王利民
组稿编辑 / 宋月华
责任编辑 / 韩莹莹
文稿编辑 / 陈丽丽
责任印刷 / 王京美

出　　版 / 社会科学文献出版社 · 人文分社 (010) 59367215
地址: 北京市北三环中路甲 29 号院华龙大厦　邮编: 100029
网址: www.ssap.com.cn
发　　行 / 社会科学文献出版社 (010) 59367028
印　　装 / 三河市龙林印务有限公司

规　　格 / 开 本: 787mm × 1092mm　1/16
印 张: 13　字 数: 195 千字
版　　次 / 2022 年 12 月第 1 版　2022 年 12 月第 1 次印刷
书　　号 / ISBN 978-7-5228-0734-8
定　　价 / 148.00 元

读者服务电话: 4008918866